高等学校实验实训教材

化工综合实验实训教程

（精细化工、化学制药方向）

刘　峥　孔翔飞　蒋光彬　主编

化学工业出版社

·北京·

内容简介

《化工综合实验实训教程》基于化学工程与化学工艺专业实验实践教学培养目标，为适应区域社会发展需求、突出地方高校办学特色而编写。内容包括基础知识、精细化学品/原料药合成综合实验、精细化工配方产品/药物制剂实训，涵盖香料、表面活性剂、化妆品、催化剂、油品添加剂、原料药和中间体等的合成及应用，其中化工综合实验项目 16 个，精细化工配方产品实训 9 个，药物制剂实训 4 个。

本书内容接近化工实际生产，工程特色明显，专业口径宽、覆盖面广，可供化学工程与工艺专业尤其是精细化工、化学制药方向模块的实验实训教学使用，也可供相关专业从事精细化工、化学制药工作的科研技术人员参考。

图书在版编目（CIP）数据

化工综合实验实训教程/刘峥，孔翔飞，蒋光彬主编.—北京：化学工业出版社，2022.8

ISBN 978-7-122-41425-0

Ⅰ.①化… Ⅱ.①刘…②孔…③蒋… Ⅲ.①化学工业-化学实验-教材 Ⅳ.①TQ016

中国版本图书馆 CIP 数据核字（2022）第 082204 号

责任编辑：丁建华　徐雅妮　　　　文字编辑：公金文　葛文文
责任校对：杜杏然　　　　装帧设计：关　飞

出版发行：化学工业出版社（北京市东城区青年湖南街 13 号　邮政编码 100011）
印　　装：北京科印技术咨询服务有限公司数码印刷分部
787mm×1092mm　1/16　印张 7　字数 139 千字　　2022 年 8 月北京第 1 版第 1 次印刷

购书咨询：010-64518888　　　　售后服务：010-64518899
网　　址：http://www.cip.com.cn
凡购买本书，如有缺损质量问题，本社销售中心负责调换。

定　　价：29.00 元

前言

化学工程与工艺专业培养具备化学工程与化学工艺专业知识，能在化工、炼油、冶金、轻工、医药、环保和军工等部门从事工程设计、技术开发、生产技术管理和科学研究等方面工作的工程技术人才。该专业具有两大特色，一是工程特色明显，二是专业口径宽、覆盖面广。为突出学校办学特色，满足学校所在区域的社会发展需求，很多高校在化学工程与工艺专业下设置专业方向模块，其中精细化工是最常见的专业方向模块。化学原料药是制药工业的重要基础，近年来，许多高校也增设了化学制药方向模块。专业方向模块要办出特色，最重要的是实验实训环节的教学。基于这一出发点，我们在原有《精细化工综合实验实训》讲义的基础上，进行了内容的深化和拓展，增加了“化学制药综合实验实训”内容，并结合精细化工、化学制药领域最新成果，以及编者的科研成果，编写了《化工综合实验实训教程》。本书可用作化学工程与工艺专业，特别是化学工程与工艺专业的精细化工方向模块、化学制药方向模块的实验实训教材，也可以供化学化工相关专业从事精细化工、化学制药工作的科研技术人员参考。

《化工综合实验实训教程 》在编写方面有以下特点：①在内容选择上，在实验方面设计了精细化学品/原料药合成综合实验，在实训方面设计了精细化工配方产品/药物制剂实训，满足了设置精细化工模块、化学制药模块的专业培养目标的要求；②在内容的编排上，按精细化工产品和药物制剂生产实际流程，先有原料，再有产品的思路，先进行精细化学品/原料药合成综合实验，再进行精细化工配方产品/药物制剂实训，精细化学品/原料药合成的产物，都会被应用于后面的精细化工配方产品/药物制剂的制备中。

本书由刘峥、孔翔飞、蒋光彬担任主编，王桂霞、杨世军、侯士立等参与了部分工作。全书由刘峥统稿。

本书由桂林理工大学教材建设基金资助出版，同时得到了广西梧州制药（集团）股份有限公司、广西科伦制药有限公司的大力支持。在编写过程中，参阅了一些兄弟院校、科研院所的科研成果及已经出版的化工专业实验实训相关教材，桂林理工大学化学工程与工艺专业 17 级卓越班同学参加了部分实验实训项目的试做，在此一并致谢。

编者

2022 年 3 月

目录

第1章　实验基础 / 1

第1章

实验基础

1.1 实验室安全守则

化学实验室有很多潜在危险，某些可能会引起相当严重的事故。但是，如果进实验室里的每一个人都知道一些常见的预防措施，并且始终使用正确的实验技术和实验程序，则实验室的许多事故都可以避免。

1.1.1 穿着规定

① 进入实验室，必须穿工作服。

② 进行危险物质、挥发性有机溶剂、特定化学物质或其他有毒性化学物质等化学药品及生物样品操作，必须要穿戴防护用具（例如防护手套等）。

③ 进行实验时，严禁戴隐形眼镜（防止化学药剂溅入眼内而腐蚀灼伤眼睛）。

④ 需将长发及宽松衣服妥善固定，且实验室内不得穿拖鞋。

⑤ 操作高温（低温）实验，必须戴防高温（低温）手套。

1.1.2 饮食规定

① 严禁在实验室内吃东西。

② 食物禁止存放在实验室的冰箱或储藏柜内。

1.1.3 试剂储存及操作相关规定

① 操作危险性实验时，必须严格遵守操作守则，严禁自行更改实验流程。

② 使用试剂时，要首先确认容器上标示的名称是否为需要的实验试剂。确认药品是否为危险品，有无警告标识。

③ 使用挥发性有机溶剂、强酸强碱、腐蚀性试剂、有毒试剂等必须在通风橱内进行操作。

④ 有机溶剂、固体化学药品、酸性和碱性化合物均需分开存放，挥发性的化学药品必须放于通风良好的试剂柜内保存。

1.1.4 用电相关安全规定

① 实验室内电气设备的安装和使用管理，必须符合安全用电要求，大功率实验设备用电必须使用专线，严禁与照明线共用，谨防因超负荷用电着火。

② 实验室内不准乱拉乱接电线。

③ 实验室内的用电线路和配电盘、板、箱、柜等装置及线路系统中的各种开关、插座、插头等均应保持完好可用状态，空气开关功率必须与线路允许的容量相匹配。室内照明器具都要保持稳固可用状态。

④ 实验室内仪器设备凡本身要求安全接地的，必须接地；要定期检查线路。

⑤ 实验室内不得使用明火取暖，严禁抽烟。

⑥ 手上有水或潮湿的，禁止接触电器用品或电气设备。

⑦ 实验室内的工作人员必须掌握本实验室仪器、设备的性能和操作方法，严格按照规程操作。

⑧ 每日值班人员或最后离开实验室的人员要负责水、电、气体、仪器、门窗的安全检查。

1.1.5 压力容器安全规定

① 气瓶应专瓶专用，不能随意改装其他种类的气体。

② 气瓶应存放在阴凉、干燥、远离热源的地方。

③ 气瓶搬运要轻要稳，放置要牢固。

④ 各种气压表一般不得混用。

⑤ 氧气瓶严禁油污，注意不要沾染手、扳手或衣服上的油污。

⑥ 气瓶内气体不可用尽，以防倒灌。

⑦ 开启气门时应站在气压表的一侧，不准将头或身体对准气瓶总阀，以防阀门或气压表冲出伤人。

⑧ 不定期检查各类气体钢瓶压力表是否正常。

1.1.6 环境卫生及条件

① 实验室应注重环境卫生，保持整洁。

② 垃圾清除及处理，必须合乎卫生要求。专人处理，不得与生活垃圾混放。应放在指定位置，由相关人员处理。

③ 实验室人员养成随时拾捡地上杂物的良好习惯，确保实验场所清洁。

④ 实验室环境必须满足相关仪器要求。

⑤ 污物污染地面或工作台时应立即清理干净。

1.1.7 安全防护

（1）防火

乙醚、乙醇、丙酮、苯等有机溶剂易燃，切不可倒入下水道，以免集聚引起火灾。

(2) 防爆

① 苯、乙醇、乙醚、丙酮、乙酸乙酯等可燃性有机溶剂与空气混合至爆炸极限，一旦有热源诱发，极易发生爆炸。对于这些物质要密封保存于防爆柜，防爆柜必须接地，并保持室内通风良好，防止试剂蒸气散失在空气中引起爆炸。

② 过氧化物等易爆物质，受震或受热可能发生爆炸，这类物质要防震，置于阴凉干燥处保存。

③ 当大量使用可燃性气体时，应严禁使用明火和可能产生电火花的电器。防爆柜内需安装气体报警装置。

④ 强氧化剂和强还原剂必须分开存放，使用时轻拿轻放，远离热源。

(3) 防灼伤

① 除了高温以外，液氮、强酸、强碱、强氧化剂、醋酸等物质都会灼伤皮肤，应注意不要让皮肤与之接触，尤其防止溅入眼中。

② 实验室应配置洗眼器和紧急喷淋装置，并对所有实验人员进行必要的培训和考核，并定期检查装置是否正常。

1.1.8 实验室伤害的应急处理

(1) 普通伤口

以生理盐水清洗伤口，以医用胶布固定。

(2) 烧烫（灼）伤

以冷水冲洗 15～30min 至散热止痛后，以生理盐水擦拭（勿以药膏、牙膏、酱油涂抹或以纱布盖住），紧急送至医院。（注意事项：水泡不可自行刺破。）

(3) 化学药物灼伤

以大量清水冲洗后，以消毒纱布或消毒过的布块覆盖伤口，紧急送至医院处理。

(4) 药物中毒

应紧急送医院处理。

1.1.9 废弃物处理

实验室内废弃物的处理严格按照符合规范的方式进行处理。

1.1.10 其他

① 无关人员不得擅自进入实验室和动用实验室内设施。

② 实验场地一律不准对外开放，外来人员参观实验室要经批准。

③ 实验室发生事故时，管理人员应积极采取应急措施，及时报告相关负责人。

1.2 文献资源

1.2.1 常备的工具书

（1）《清华大学实验室安全手册》

《清华大学实验室安全手册》，主编：黄开胜；出版社：清华大学出版社；ISBN：9787302518365；出版时间：2018年12月；开本：16开。

该书在清华大学使用多年的《实验室安全手册》基础上，经专家修订后编辑出版。结合国家、地方与行业的新要求，依据清华大学实验室安全检查中发现的突出问题，涵盖了实验室安全管理、电气安全、化学品安全、气瓶安全、仪器设备使用安全、特种设备使用安全、辐射安全、生物安全、消防安全等方面的专业知识。该书理论与实践相结合，读者范围广，适宜实验室安全管理干部、进入实验室工作的学生等人员参考。

（2）《有机合成实验室手册》

《有机合成实验室手册》，作者：（德国）克劳泽·施韦特利克（Klaus Schwetlick）；译者：万均、温永红、陈玉；出版社：化学工业出版社；ISBN：9787122078438；出版时间：2010年6月1日；开本：16开。

《有机合成实验室手册》（原著第22版），内容丰富，数据翔实，是有机化学、生物有机化学、金属有机化学、高分子化学、材料化学及精细化工等领域本科生、研究生及其他研究人员不可或缺的一本工具书。该书主要介绍以下6个方面的内容：①实验技术简介；②有机化学文献及实验报告的写作方法；③化学反应的基本原理；④有机化合物的鉴别；⑤常用试剂、溶剂及辅助试剂的性质、纯化和制备；⑥危险物的性质。

1.2.2 重要的学术期刊

（1）国外重要的学术期刊

代表性的外文学术期刊有 *Science*、*Nature*、*Chem Rev*、*Chem Soc Rev*、*Accounts Chem Res*、*J Am Chem Soc*、*Angew Chem Int Edit*、*Chem Mater*、*Chem Eur J*、*Chem Commun*、*Anal Chem*、*J Catal*、*Biomaterials*、*Org Lett*、*Biochem J*、*J Phys Chem A*、*J Phys Chem B*、*J Phys Chem C*、*Macromolecules*、*Inorg Chem*、*Langmuir*、*J Electrochem Soc*、*Electrochem Commun*、*J Org Chem*、*Chem Phys Chem*、*Green Chem*、*Polymer*、*Nano Lett*、*Adv Mater*、*Adv Funct Mater*、*Nanotechnology*、*AIChE J*、*Chem Eng Sci*、*Ind Eng Chem Res* 等。

（2）我国主办的重要化学类学术期刊

① 英文期刊：*Chem Res Chinese U*（《高等学校化学研究》）、*Chinese Chem Lett*

(《中国化学快报》)、*Chinese J Polym Sci*(《高分子科学》)、*Sci Bull*(《科学通报》)、*Front Chem*(《化学前沿》)、*Front Mater Sci*(《材料科学前沿》)、*Org Chem Front*(《有机化学前沿》)、*Chinese J Chem*(《化学学报》)、*Sci China Chem*(《中国科学:化学》。

② 中文期刊:《化学学报》《高等学校化学学报》《中国化学》《科学学报》《中国科学B辑》《高等学校化学研究》《有机化学》《中国化学快报》《分析化学》《光谱学与光谱分析》《电化学》《应用化学》《化学进展》《化学通报》《物理化学学报》《金属学报》《高分子学报》《催化学报》《无机化学学报》《化学物理学报》《高分子科学》《无机材料学报》《环境学报》等。

1.2.3 网络版的化学信息资源

1.2.3.1 国外重要的化学信息资源

(1) 美国《化学文摘》

美国《化学文摘》(*Chemical Abstracts*, CA) 1907年创刊,由美国化学会所属化学文摘服务社(CAS)编辑出版,现为世界上收录化学化工及其相关学科文献最全面、应用最广泛的一种文献检索工具。CA的特点:①收录文献范围广,类型多,文献量大;②报道快速及时,时差短;③CA索引体系完备,回溯性强,使用方便;④CA与生物医学关系密切。CA报道的内容几乎涉及化学家感兴趣的所有领域,其中除包括无机化学、有机化学、分析化学、物理化学、高分子化学外,还包括冶金学、地球化学、药物学、毒物学、环境化学、生物学以及物理学等诸多学科领域。

CA创刊至今,出版情况几经变动,1967年至今为周刊,每年分两卷,每卷26期,全年共52期。2021年已出至175卷,每卷出齐后随即出版一套卷索引,每隔10年或5年出版一套累积索引。

CA不仅有印刷版,还有缩微版、机读磁带版和光盘版。随着网络技术的发展,1995年CAS推出了SciFinder联机检索数据库。自推出以来,SciFinder一直都是全世界的科学家进行化学课题研究、成果查阅、学术期刊浏览以及把握科技发展前沿的最得力工具。与传统CA系统相比,SciFinder具有更丰富的内容和更强大的功能。SciFinder数据库收录的文献资料来自全球200多个国家和地区的60多种语言,包括1万多份期刊、63家专利机构的专利、评论、会议录、论文、技术报告和图书中的各种化学研究成果。SciFinder比其他科学资源有更多的期刊和专利链接,能够帮用户在研究过程中更有效率,更有创意。

(2) 四大检索

① SCI 美国《科学引文索引》(*Science Citation Index*, SCI)、《工程索引》(*The Engineering Index*, EI)和《科技会议录索引》(*Index to Scientific & Technical Proceedings*, ISTP)是世界著名的三大科技文献检索系统,是国际公认的进行科学统计与

评价的检索工具，其中以 SCI 尤为重要。SCI 是由美国科学信息研究所（Institute for Scientific Information，ISI）于 1961 年创办出版的引文数据库。SCI 以布拉德福（S. C. Bradford）文献离散律理论、加菲尔德（E. Garfield）引文分析理论为主要基础，通过论文的被引用频次等的统计，对学术期刊和科研成果进行多方位的评价研究，从而评判一个国家或地区、科研单位、个人的科研产出绩效，来反映其在国际上的学术水平。因此，SCI 是目前国际上公认的最具权威的科技文献检索工具。SCI 所收录期刊的内容主要涉及数、理、化、农、林、医、生物等基础科学研究领域，选用刊物来源于 40 多个国家，50 多种文字。这些刊物主要来自美国、英国、荷兰、德国、俄罗斯、法国、日本和加拿大等。SCI 也收录部分中国（包括港澳台地区）刊物。

② EI 《工程索引》创刊于 1884 年，是美国工程信息公司（Engineering Information Inc.）出版的著名工程技术类综合性检索工具。EI 每月出版 1 期，文摘 1.3 万～1.4 万条；每期附有主题索引与作者索引；每年还另外出版年卷本和年度索引，年度索引还增加了作者单位索引。收录文献几乎涉及工程技术各个领域。例如：动力、电工、电子、自动控制、矿冶、金属工艺、机械制造、管理、土建、水利、教育工程等。EI 作为世界领先的应用科学和工程学在线信息服务提供者，一直致力于为科学研究者和工程技术人员提供最专业、最实用的在线数据、知识等信息服务和支持。EI 检索具有综合性强、资料来源广、地理覆盖面广、报道量大、报道质量高、权威性强等特点。所以 EI 被称为全球核心检索系统，被每个国家认可。

③ ISTP 《科技会议录索引》创刊于 1978 年，由美国科学情报研究所出版。ISTP 收录生命科学、物理化学、农业生物和环境科学、工程技术、管理信息、教育发展、社科人文和应用科学等学科的会议文献，包括一般性会议、座谈会、研究会、讨论会、发表会等。其中工程技术与应用科学类文献约占 35%，其他专业学科约占 65%。ISTP 是全球三大检索系统之一。

④ ISR　科学评论索引（*Index to Scientific Reviews*，ISR）创刊于 1974 年，由美国科学情报研究所编辑出版，收录世界各国 2700 余种科技期刊及 300 余种专著丛刊中有价值的评述（综述）论文。高质量的评述论文能够提供本学科或某个领域的研究发展概况、研究热点、主攻方向等重要信息，是极为珍贵的参考资料。

（3）美国化学学会（网址：http：//pubs.acs.org/about.html）

美国化学学会（American Chemical Society，ACS）成立于 1876 年，现已成为世界最大的科技协会。多年来，ACS 一直致力于为全球化学研究机构、企业及个人提供高品质的文献资讯及服务。

ACS 的杂志库目前包括 36 种期刊，涵盖 24 个主要的领域：生化研究方法、药物化学、有机化学、普通化学、环境科学、材料学、植物学、毒物学、食品科学、物理化学、环境工程学、工程化学、应用化学、分子生物化学、分析化学、无机与原子能化学、资料系统计算机科学、学科应用、科学训练、燃料与能源、药理与制药学、微生物应用生物科技、聚合物和农业学。这些期刊被美国科学信息研究所评为在化学领域中被引用次数最多的化学期刊。

(4) 爱思唯尔（网址：http://www.sciencedirect.com/)

荷兰爱思唯尔（Elsevier Science）公司是世界知名出版商，其出版的期刊是世界上公认的高品位学术期刊。从1997年开始，Elsevier Science公司推出名为Science Direct的电子期刊计划。将该公司的全部印刷版期刊转换为电子版，并使用基于浏览器开发的检索系统Science Server。这项计划还包括了对用户的本地服务措施Science Direct On Site（SDOS）。

从2000年1月开始，我国诸多高校和科研单位图书馆采用集团购买的形式，分别在清华大学和上海交通大学建立了SDOS镜像服务器，向用户提供Elsevier电子期刊的服务。授权用户既可通过图书馆主页上的SDOS电子期刊库超链接进入，也可直接访问镜像服务器的地址。

SDOS收录了荷兰Elsevier Science出版的1995年以来的1200多种各类学科的学术期刊文章全文，涉及的学科内容有：生命科学、农业与生物、化学及化学工业、医学、计算机、地球科学、工程能源与技术、环境科学、材料科学、数学、物理、天文和社会科学。

(5) 英国皇家化学会（网址：http://www.rsc.org/)

英国皇家化学会，又名英国皇家化学学会（Royal Society of Chemistry，RSC），由致力于化学科学研究的人员组成，是一个充满活力的全球性团体。作为一家非营利组织，将所有盈余都重新投入到慈善活动中，比如化学国际交流、主办化学期刊、会议、科学研究、教育以及向公众传播化学科学知识。

RSC的活动涵盖化学科学的众多领域和职业发展。RSC支持化学教育，负责职业认证，并制定行业标准。组织国际或地区性会议，提供会员服务，并促进国际交流。作为专业出版商，其出版水平享誉全球。除了核心的化学科学，还包括生物学、生物物理学、能源与环境学、材料学、医学和物理学。

(6) 德国施普林格（网址：http://www.springer.com/)

施普林格出版集团（Springer Group）总部设在德国，是德国第三大出版公司，国际著名科技图书出版集团，其子公司遍布全球。现出版医学、理学和工学各专业图书，其作者中不乏名人，如诺贝尔奖获得者等。1999年1月，世界媒体巨头贝塔斯曼集团收购了施普林格出版集团87%的股份，施普林格出版集团成为贝塔斯曼集团的子公司。

施普林格出版集团年出新书2000多种，期刊500多种，其中400多种期刊有电子版。再版图书19000多种，其中60%是英文版。图书除销往德语国家外，还销往美国和亚洲国家。

施普林格出版集团出版的图书，按专业分为：化学、计算机技术、经济与管理、工程技术、环境科学、地球科学、法律、生命科学、数学、医学、药学、物理、心理学和统计学等。

(7) Wiley InterScience（网址：http：//www.interscience.wiley.com）

Wiley InterScience是John Wiely & Sons公司创建的动态在线内容服务平台，1997年开始在网上开通。通过InterScience，Wiley公司以许可协议形式向用户提供在线访问全文内容的服务。Wiley InterScience收录了360多种科学、工程技术、医疗领域及相关专业期刊，30多种大型专业参考书，13种实验室手册的全文和500多个题目的Wiley学术图书的全文。

Wiley InterScience收录的期刊中，被SCI收录的期刊近200种。期刊具体学科划分为：商业、金融和管理，化学，计算机科学，地球科学，教育学，工程学，法律，生命科学与医学，数学统计学，物理和心理学。

1.2.3.2 国内重要的化学信息资源

(1) 中国知识资源总库（中国知网，网址：http：//www.cnki.net/）

中国知识资源总库（Chinese National Knowledge Infrastructure，CNKI）是具有完备知识体系和规范知识管理功能的、由海量知识信息资源构成的学习系统和知识挖掘系统。

它是由清华大学主办、中国学术期刊（光盘版）电子杂志社出版、清华同方知网（北京）技术有公司发行的系统。

中国知识资源总库是一个大型动态知识库、知识报务平台和数字化学习平台。目前，中国知识资源总库拥有国内8200多种期刊、700多种报纸、600多家单位的优秀博士/硕士学位论文、数百家出版社已出版图书、全国各学会/协会重要会议论文、百科全书、中小学多媒体教学软件、专利、年鉴、标准、科技成果、政府文件、互联网信息汇总及国内外上千个各类加盟数据库等知识资源。中国知识资源总库中数据库的种类不断增加，数据库中的内容每日更新，每日新增数目上万条。

(2) 超星数字图书馆（网址：http：//book.sslibrary.com/）

超星数字图书馆为目前世界最大的中文在线数字图书馆，是国内最早开展数字图书馆相关技术研究和应用的商业公司。

超星数字图书馆收集了国内各公共图书馆和大学图书馆以超星PDG技术制作的数字图书，以工具类、文献类、资料类、学术类图书为主，其中包括文学、经济、计算机等五十余大类，数十万册电子图书，300多万篇论文，全文总量4亿余页，大量免费电子图书，并以每天上千册的速度不断增加与更新。

(3) 维普网（网址：http：//www.cqvip.com/）

维普网原名“维普资讯网”，是重庆维普资讯有限公司建立的网站，该公司隶属于科学技术部西南信息中心，是我国最早进行数据库加工出版的单位之一。

维普网数据库包括《中文科技期刊数据库》《外文科技期刊数据库》《中国科技经济新闻数据库》和《医药信息资源系统》《航空航天信息资源系统》等十几个数据库产品。其中《中文科技期刊数据库》收录了中国境内历年出版的中文期刊14000余种，全文

5700余万篇，引文4000余万条，分三个版本（全文版、文摘版、引文版）和8个专辑（社会科学、自然科学、工程技术、农业科学、医药卫生、经济管理、教育科学、图书情报）定期出版发行。《中文科技期刊数据库》已经成为文献保障系统的重要组成部分，是科技工作者进行科技查新和科技查证的必备数据库。

(4) 万方数据库（网址：http：//www. cqvip. com/）

万方数据库是由万方数据股份有限公司开发的，涵盖期刊、会议纪要、论文、学术成果、学术会议论文的大型网络数据库。其开发公司——万方数据股份有限公司是国内第一家以信息服务为核心的股份制高新技术企业，是在互联网领域，集信息资源产品、信息增值服务和信息处理方案为一体的综合信息服务商。

万方数据系统将数据库分为五个子系统：学位论文、会议论文、数字化期刊、科技信息子系统、商务信息子系统。万方数据系统汇集科研机构、科技成果、科技名人、中外标准、政策法规等近百种数据库资源，信息总量达1100多万条，每年数据更新60万条以上。

学位论文库提供全文资源，收录自1980年以来我国自然科学领域硕士、博士论文共计136万余篇。会议论文库提供全文资源，收录1985年至今世界主要学会和协会的会议论文，以一级以上学会和协会主办的高质量会议的会议论文为主。每年涉及近3000个重要的学术会议，总计97万余篇，每年增加约18万篇。

会议论文全文库收录1998年以来国家级学术会议论文全文，是目前国内收录会议数量最多、学科覆盖最广的数据库，是掌握国内学术会议动态必不可少的权威资源。

数字化期刊全文数据库集纳了理、工、农、医、人文等5大类的70多个类目的几千种科技期刊。

科技信息子系统面向广大高校、公共图书馆、科研单位、政府管理部门，提供全方位的科技信息。该子系统的5个热点栏目，即科技文献、名人与机构、中外标准、政策法规、成果专利，是中国较为完整的科技信息群。

商业信息子系统内容涵盖工商、经贸信息、成果专利、咨询服务等行业的企业信息，其主要产品——中国企业、公司及产品数据库是中国较权威的企业信息资料库。

(5) 化学相关信息其他网站

① 中国国家数字图书馆化学学科信息门户（网址：http：//library. sdlivc. com/info/1050/1683. htm） 化学学科信息门户是中国科学院知识创新工程科技基础设施建设专项“国家科学数字图书馆项目”的子项目，提供权威和可靠的化学信息导航，整合文献信息资源系统及其检索利用，并逐步支持开放式集成定制。

② 中国化工网（网址：http：//china. chemnet. com/） 中国化工网是由网盛科技创建并运营的，是国内第一家专业化工网站，也是目前国内客户量最大、数据最丰富、访问量最高的化工网站。中国化工网建有国内最大的化工专业数据库，内含40多个国家和地区的2万多个化工站点，含25000多家化工企业，20多万条化工产品记录；建有包含行业内上百位权威专家的专家数据库；每天新闻资讯更新量上千条，日访问量突破

1000000 人次，是行业人士进行网络贸易、技术研发的首选平台。中国化工网自 1997 年推出以来，始终坚持以客户服务为宗旨，不断推陈出新、完善服务内容、强化服务质量，得到了行业内外的一致好评。中国化工网以强大的人才优势、技术优势和服务体系逐步确定了其行业权威地位。中国化工网可提供橡塑、化工、冶金、纺织、能源、农业、建材、机械、电子、电工、五金、仪器、汽车、照明、安防、服装、服饰、家电、百货、礼品、家具和食品等 40 多个大类商品的在线采购批发和营销推广。

③ 小木虫学术科研互动社区（网址：http：//muchong. com/） 小木虫学术科研互动社区，又名小木虫和小木虫论坛。这是一个学术信息交流性质的综合科研服务个人网站。该网站秉承“为中国学术科研免费提供动力”的宗旨，为众多科研工作者提供一个学术资源、交流经验的平台，已成为国内最有人气的学术科研网站。内容涵盖化学化工、生物医药、物理、材料、地理、食品、理工、信息、经管等学科。除此之外还有基金申请、专利标准、留学出国、考研考博、论文投稿、学术求助等实用内容。

④ X-MOL 科学知识平台（http：//www. x-mol. com/） X-MOL 为国内化学和相关领域的优秀平台，包括四项功能：文献直达，行业资讯，试剂采购和物性数据。该平台能够提供最新科研进展（每日更新）、文献检索、文献订阅、求职信息、专业问答、免费的实验室试剂管理系统，甚至包括化学试剂的采购和比价功能。X-MOL 的文献直达功能非常强大，这个功能简单地说就是用参考文献信息，如期刊名称（缩写）、卷期页码，或者 DOI 号，快速定位到期刊所在杂志的网页。

1.3 专业实验室守则

1.3.1 学生守则

（1）实验或实训前预习要求

实验或实训前认真阅读教材及相关参考资料，理解教学目的和要求。写好预习报告，预习报告要给指导老师检查后，方能进入实验室。

（2）实验或实训中要求

进行实验或实训时，应遵守各项实验操作规程，认真操作；细致观察，并及时记录实验或实训现象；注意理论联系实际，用已学的知识判断、理解、分析实验或实训中所观察到的现象并解决遇到的问题，注意提高分析问题和解决问题的实际能力；注意执行各项安全规定，节约水电、药品和耗材，爱护实验室设备。

（3）实验或实训后要求

认真书写实验或实训报告，报告要字迹工整、图表清晰。在报告中要特别注意分析讨论实验或实训结果，及时总结经验教训。不断提高实验工作能力。

实验或实训报告不符合要求者，必须重做。

1.3.2 实验或实训预习、记录

1.3.2.1 实验或实训记录本

写好实验或实训记录是从事科学实验的一项重要训练。每个学生都必须准备一本实验或实训记录本，不能用活页本或零星纸张代替。在实验或实训记录本上写预习报告、实验或实训记录和总结讨论。实验或实训完成后立即将记录本与产物（合成实验）一同交给指导教师签字确认。

1.3.2.2 预习报告

（1）预习要求

实验或实训前做好充分的准备工作是十分重要的。实验或实训前学生必须仔细阅读有关教材，通过查阅手册或其他参考书，列出实验或实训中所用试剂、溶剂，产物、副产物等物质的物理性质。具体要求如下：

① 对于实验或实训原理的预习要点：主要反应、副反应，如何提高主反应速率，如何抑制副反应，如何提高目标产物产率等。

② 对于实验或实训步骤及实验技术的预习要点：弄清每一步具体怎样操作，为什么要这样操作，不这样操作行不行，还有什么技术可以代替。

③ 对于实验或实训装置预习要点：了解所用仪器装置的名称；了解仪器的原理、用途和正确的操作方法；可否用其他仪器代替等。

（2）预习报告要求

要求在实验或实训记录本上写好预习报告。预习报告包括以下内容：

① 实验或实训目的。

② 主反应和重要的副反应的反应式。

③ 原料、产物和副产物的物理常数。

④ 原料用量，计算理论产量。

⑤ 正确而清楚地画出仪器装置图。

⑥ 用图表形式表示整个实验的流程。

1.3.2.3 实验或实训记录

实验或实训记录是原始资料，开展实验或实训时必须重视。记录具体要求如下：

① 在实验或实训过程中，必须养成一边进行实验或实训一边直接在记录本上作记录的习惯，不可事后凭记忆补写，或以零星纸条暂记再转抄。

② 记录的内容包括实验或实训的全部过程，如加入药品的数量，仪器装置，每一步操作的时间、内容和所观察到的现象（包括温度、颜色、体积或质量数据等）。记录要求实事求是，准确反映真实的情况，特别是当观察到的现象和预期不同，以及操作步骤与教材规定不一致时，要按照实际情况记录清楚，以便作为总结讨论的依据。

1.3.3 实验或实训报告要求

实验或实训报告是实验或实训的总结，实验或实训报告如下所示：

实验实训报告

实验实训名称____________

姓名________ 班级________ 学号________

专业________ 日期________ 成绩________

一、实验实训目的

二、实验实训原理

三、仪器装置

四、主要试剂的规格和物理常数

名称	规格	分子量	颜色形状	折射形状	密度/(g/cm^3)	熔点/℃	沸点/℃	溶解情况

续表

五、实验实训步骤和现象记录

实验实训步骤	实验实训现象	备注

六、实验实训结果

产品外观	产量/g		产率/%	密度/(g/cm^3)	熔点、沸点或折射率		溶解度/(g/100mL 溶剂)
	理论	实际			文献	实际	

七、思考题

八、问题讨论

实验或实训报告中的问题讨论，是把直接的感性认识提高到理性思考的必要步骤，也是实验或实训中不可缺少的一环。问题讨论主要是根据实际情况就产物的质量和数量、实验或实训过程中出现的问题等进行讨论，以总结经验和教训。

1.4 精细化学品的研究方法

化学工业与国民经济的各个领域，以及人们的日常生活密切相关。按用途不同，人们将化工产品划分为两类，即基本化工产品（或通用化工产品）、精细化学品。基本化工产品（或通用化工产品）是指一些应用范围广泛，生产中化工技术要求很高，产量大的产品，例如石油化工中的塑料、纤维及橡胶三大合成材料、化肥等。精细化学品是指具有专门功能和特定应用性能，配方技术影响产品性能，制造和应用技术密集度高，产品附加值高，批量小，品种多的一类化工产品，例如医药、化学试剂等。精细化学品的技术开发要解决用户需求的问题，通常是针对用户对产品性能的新要求而对产品进行升级或开发新系列或新领域，并且售价用户可以接受。为此目的，通常精细化学品的研发需完成以下研究内容。

1.4.1 功能目标化合物的合成与筛选

合成和筛选具有特定功能的目标化合物，首先需要切实了解用户对产品功能、技术要求和应用性能的要求；其次需要进行文献查阅，运用化学理论设计并合成一系列目标化合物；再次，通过性能或有关性质的检测，从中筛选出相对理想的产物，同时跟踪已发现的构效规律，进行深入细致的研究；最后筛选出目标产物。

例如水性聚氨酯胶黏剂存在着干燥速率慢，对非极性基材润湿性差、初黏性低以及耐水性不好等问题。依据协同效应理论，将水性聚氨酯与其他乳液共混或共聚进行改性，可发挥各自性能的优势。丙烯酸酯具有一定的耐候性、耐黄变性以及耐化学品性等特点，而水性聚氨酯具有良好的弹性和柔韧性等优点，据此可通过丙烯酸酯来改性合成出性能优良的水性聚氨酯丙烯酸酯。第3代水性聚氨酯就是丙烯酸改性聚氨酯乳液的产品，它在食品和医药等包装材料的粘接性能方面极具广阔的发展前景。有研究者以聚醚二元醇、甲苯二异氰酸酯（TDI）、二羟甲基丙酸（DMPA）等为原料合成了聚氨酯预聚体，用丙烯酸羟丙酯（HPA）将其部分封端，制得水性聚氨酯丙烯酸酯分散体；再加入乙烯基单体进行自由基引发聚合，制备出水性聚氨酯丙烯酸酯（PUA）复合核壳乳液。该乳液配制的胶黏剂具有良好的耐热性和粘接性能，应用于包装用CPP（流延聚丙烯）薄膜和OPP（拉伸聚丙烯）/VMOPP（真空镀铝拉伸聚丙烯）薄膜时，剥离强度分别达31.9N/m和28.1N/m。

1.4.2 精细化学品配方研究

精细化学品的生产主要有两种技术，其一是合成、分离配方中目标化合物的先进技术；其二是复配技术。如化妆品配方中常用的脂肪酸只有几种，而由其复配衍生出来的商品，难以确切统计。洗涤剂是由若干不同结构的表面活性剂及其他化工产品复配而成的。金属清洗剂，配方组分要求有溶剂、除锈剂、缓蚀剂等。由于经过复配得到的产品具有增效、改性和扩大应用范围的功能，往往超过配方中各单一化合物，因此精细化学品复配技术一直是精细化工领域中的研究热点。

精细化学品配方研究的目的，就是要寻找配方中各组分间的最佳组合和配比，从而使配方产品性能、成本、生产工艺可行性三个方面取得最优的综合平衡。配方研究的基本方法是依据科学理论，借鉴前人的研究经验，利用现代测试手段，进行配方设计与研究。设计一种新的精细化学品配方之前，必须对精细化学品配方产品所要达到的性能、对构成配方产品的原材料的特征以及对生产工艺与生产条件的可行性等有充分的了解和掌握，这样才能使精细化学品配方产品的性能、成本、工艺达到最优的综合平衡。

1.4.3 产品性能检测

精细化学品性能测试是其研发的重要内容。研发新的精细化学品，产物的结构分析和纯度衡量，不能作为筛选产品的依据，产品的优劣，要从它的应用效果来评定。一般精细化学品新产品研发，都要对其性能进行检测，以判断其应用效果。如水性涂料产品性能检测，由于水性涂料自身的特点，对其性能检测不能完全按照溶剂型涂料的检测方法。随着水性涂料的发展，其相关标准制定受到人们高度的关注，现行的水性涂料的产品标准有：GB/T 23999—2009《室内装饰装修用水性木器涂料》、HG/T 4570—2013《汽车用水性涂料》、HG/T 4758—2014《水性丙烯酸树脂涂料行业标准》、HG/T 4759—2014《水性环氧树脂防腐涂料》、HG/T 4760—2014《水性浸涂漆》、HG/T 4761—2014《水性聚氨酯涂料》、HG/T 4104—2019《水性氟树脂涂料》、JT/T 535—2015《路桥用水性沥青基防水涂料》等。

1.4.4 产品应用技术研究

精细化学品应用技术是精细化学品研发的重要环节，缺乏应用技术，产品在使用时就不能充分发挥其作用，影响用户满意度。如水性重防腐涂料在铁路客车上的应用与施工，首先要考虑铁路客车车体的结构特点和客车运行时的气候条件（如高寒、高温、高湿等）来对水性重防腐涂料进行初步选择；其次要考虑水性重防腐涂料是否能够满足Q/CR 581—2017《铁路客车用涂料技术条件》和 TB/T 3139—2021《机车车辆非金属材料及室内空气有害物质限量》的技术要求；还要考虑水性重防腐涂料的施工工艺，如水性重防腐涂料的黏度、作业环境、干燥温度、流平性等是否与施工现场相匹配，只有这样，才能获得良好的应用效果。精细化工产品的应用技术研究对其走向市场至关重要。

1.4.5 产品工艺路线的筛选与工艺条件的优化

产品工艺路线的筛选与工艺条件的优化，其目的是要降低产品的生产成本，使产品的销售价格达到生产厂家和消费者都能接受的程度。产品工艺路线的筛选与工艺条件的优化的研究思路可以概括为：①选用更好的反应原辅料；②修改工艺路线，缩短反应时间；③改进操作技术，提高产品收率；④运用新反应或新技术。

1.4.6 产品剂型设计

剂型设计是精细化学品开发成功至关重要的一个环节。获得广大用户认可、受市场欢迎的精细化学品必须同时具备优良的性能、消费者认可的外观状态以及使用方便。

1.4.6.1 精细化学品的常用剂型

精细化学品的常用剂型为：固体剂型（颗粒剂、块剂、粉剂、微胶囊剂），液体剂型（溶液剂、乳液剂、悬浮剂、膏剂），气体剂型（气雾剂、烟熏剂）。

1.4.6.2 剂型加工中常用的助剂

剂型加工助剂的定义：在精细化学品生产加工过程中所添加的具有某种特定功能的辅助物料。

剂型加工用助剂的特点：①助剂本身无明显的功效，但其加入可使产品中的有效成分发挥极大的效能；②不同的助剂可增加产品不同的功效。

常用的助剂类型及特点如下。

（1）填充剂特点

① 主要用于固体剂；

② 能使有效成分更好地分散；

③ 能调节产品的密度，降低生产成本。

主要的填充剂有：轻质碳酸钙、白炭黑、硅藻土。

（2）表面活性剂特点

① 在精细化学品各种剂型中均有可能用到表面活性剂；

② 表面活性剂具有两亲结构，有亲油基和亲水基；

③ 表面活性剂可以富集在油水或液固界面上，改变表面性能，使液体易分散、固体易被润湿。

（3）溶剂特点

① 在配制液体剂时使用；

② 选择溶剂的原则是溶解能力强，闪点高，毒性小，对有效组分无不良影响；

③ 常用的溶剂有水、乙醇、异丙醇、溶剂汽油、石油醚、酯类、苯类、C_4～C_6 烷类等。

（4）增效剂特点

① 在各种剂型中使用；

② 本身作用不大，但加入配方中，会使产品的性能和作用得到极大提高。

1.4.6.3 精细化学品常见剂型的加工

（1）固体剂的加工（以洗衣粉成型加工为例）

洗衣粉成型技术：喷雾干燥法（普通洗衣粉）、附聚成型法（浓缩洗衣粉）。

① 喷雾干燥法

a. 主要工序　浆料的制备、干燥介质的调控、喷雾干燥、成品包装。

b. 喷雾干燥法成型原理　先将活性物单体和助剂调制成一定黏度的浆料，再用高压泵和喷射器喷成细小的雾状液滴，与 200～300 ℃的热空气进行传热，使雾状液滴在短时间内迅速干燥成洗衣粉颗粒。干燥后的洗衣粉经过塔底冷风冷却，风送、老化、筛分制成成品。而塔顶出来的尾气经过旋风分离器回收细粉，除尘后尾气通过尾气风机而排入大气。

② 附聚成型法

a. 主要工序　预混合、附聚、调理（老化）、干燥、筛分、后配料与包装。

b. 附聚成型法成型原理　将雾状的硅酸钠溶液喷洒在固体物料组分上，使其中的三磷酸五钠和碳酸钠遇水发生水合作用，硅酸钠失水而干燥成硅酸盐黏合剂，通过粒子间的桥联，形成近似球状的颗粒附聚物，是一个物理化学过程。

（2）液体剂的加工（以乳状液制备为例）

① 乳状液的定义　一种液体以极小的液滴形式分散在另一种与它不混溶的液体中而形成的分散体系。通常将形成乳状液时被分散的相称为内相，而作为分散介质的相称为外相，内相是不连续的，外相是连续的。

② 乳状液的特点　多相体系，相界面积大，表面自由能高，热力学不稳定系统。

③ 乳状液类型　乳状液可分水包油和油包水两种类型。水包油即 O/W，油是分散相，水是连续相；油包水即 W/O，水是分散相，油是连续相。

④ 乳状液的制备　制备乳状液，除了要有两种不混溶的液体外，还必须加入第三种物质——乳化剂。乳化剂是乳状液的稳定剂，当它分散在分散质的表面时，形成薄膜或双电层，可使分散相带有电荷，这样就能阻止分散相的小液滴互相凝结，使形成的乳状液比较稳定。根据乳化剂加入方式的不同，乳状液的制备方法可分为以下几种。a. 转向乳化法，其特点是制得的乳状液液滴大小不匀且偏大，但方法简单。b. 瞬间成皂法，其特点是可制得液滴小而稳定的乳状液，此法只限于用皂作乳化剂的体系。c. 自然乳化法，其特点是一些易水解的农药都用此法制得 O/W 型乳状液，用于大田喷洒。d. 界面复合生成法，其特点是油相、水相各溶入一种乳化剂，制得的乳状液十分稳定但使用上有一定局限性。e. 轮流加液法，其特点是水和油轮流少量加入乳化剂中，形成 O/W、W/O 型乳状液，是食品工业中的常用方法。

（3）气体剂的加工（以气雾剂生产为例）

① 气雾剂的组成　由抛射剂、有效成分与附加剂、耐压容器和阀门系统组成。抛射剂提供喷射有效成分的动力，有时兼有有效成分的溶剂作用。根据有效成分的理化性质和应用领域决定配制气雾剂的适宜类型，从而决定附加剂类型。

② 气雾剂的制备工艺　容器阀门系统的处理与装配→有效成分配制→分装和充填抛射剂（压灌法和冷灌法）→质量检查。

参考文献

[1] 谢亚杰，宗乾收，缪程平．精细化工实验与设计［M］．北京：化学工业出版社，2019.

[2] 宋航．制药工程专业实验［M］．3版．北京：化学工业出版社，2020.
[3] 蔡干，曾汉雄，钟振声．有机精细化学品实验［M］．北京：化学工业出版社，1997.
[4] 熊远钦．精细化学品配方设计［M］．北京：化学工业出版社，2011.
[5] 冯向梅，顾方，鲁瑛，等．绿色精细化工研究的文献计量分析［J］．精细与专用化学品，2020，28（11）：7-15.
[6] 张承曾，汪清如．日用调香术［M］．北京：中国轻工业出版社，1989.
[7] 夏铮南，王文君．精细化学品系列丛书：香料与香精［M］．北京：中国物资出版社，2007.
[8] 国家药典委员会编．中华人民共和国药典2005年版（二部）［M］．北京：化学工业出版社，2005.
[9] 张继光．催化剂制备过程技术［M］．2版．北京：中国石化出版社，2011.
[10] 段长强，孟庆芳，张泰，等．现代化学试剂手册：第一分册，通用试剂［M］．北京：化学工业出版社，1988.

第2章

精细化学品/原料药合成综合实验

2.1 香 料

香料化学是一门研究具有令人愉快香气的有机化合物的科学。根据香料的来源，可分为天然香料和合成香料两大类。天然香料是指使用物理的或化学的方法从自然界动植物中分离出的香料混合物。合成香料是指将天然的或化学的原料通过化学反应得到的芳香化合物。通常香料不能以单体形式使用，必须与精油、浸提物、酊剂等调配后制成香水用香精、肥皂和化妆品用香精以及食用香精等才能使用。

天然香料有四种生产方法，即水蒸气蒸馏法、压榨法、浸提法和吸收法。合成香料的合成过程经常使用诸如氧化、还原、氢化、酯化（酯交换）、硝化、缩合、烷基化、氢卤化、水合、脱水、异构化等有机合成单元反应。

2.1.1 羧酸酯类香料——苯甲酸乙酯

实验1 苯甲酸的制备及纯化

一、实验目的

1. 学习以苯甲醛为原料，在碱性条件下制备苯甲酸的原理和方法。

2. 进一步熟练掌握回流反应、减压过滤和重结晶等操作。

二、实验原理

苯甲酸常用于医药、染料载体、增塑剂、香料和食品防腐剂等的生产，醇酸树脂涂料的改性等领域。本实验是以苯甲醛为原料，在碱性环境中用过氧化氢（双氧水）氧化，最后用盐酸酸化生成苯甲酸。反应式如下：

$$C_6H_5CHO + H_2O_2 \xrightarrow{\triangle} C_6H_5COOH + H_2O$$

三、实验仪器及试剂

1. 仪器：圆底烧瓶（50 mL）、球形冷凝管、表面皿、布氏漏斗、吸滤瓶、量筒（100 mL、10 mL）、烧杯（100 mL）、电热套、水循环式多用真空泵、吸滤瓶、水浴锅、滤纸。

2. 试剂：苯甲醛、浓盐酸（25%）、NaOH 溶液（0.4%）、过氧化氢（30%）、$FeCl_3$ 溶液、无水碳酸钠、硫酸锰、沸石、凡士林。

四、实验步骤

1. 苯甲酸粗品的制备　在 50 mL 的圆底烧瓶中加入 5.3 g 苯甲醛、1.6 g 无水碳酸钠、0.04 g硫酸锰，加入沸石，合成装置示意图见图 2-1[注释1]。用恒压漏斗从上方快速滴加 11 mL 过氧化氢溶液（30%），回流 1 h。反应结束后，降温，过滤，用 25%的盐酸调节滤液的 pH=2，冰水浴中静置，抽滤得固体苯甲酸，用少量冷水洗涤。

2. 苯甲酸的精制

① 取约 3 g 粗苯甲酸晶体置于 100 mL 烧杯中，加入 40 mL 蒸馏水加热溶解，若有未溶固体，可再酌加少量热水，直至苯甲酸全部溶解为止[注释2]。

② 待粗苯甲酸全部溶解后，停止加热，冷却后加入几粒活性炭，继续加热煮沸 5min。

③ 将溶液趁热用水循环式多用真空泵减压过滤[注释3]，将滤液静置冷却，观察烧杯中析出的晶体。待结晶完全后，用布氏漏斗抽滤，并用少量冷的蒸馏水洗涤晶体，以除去晶体表面吸附的杂质。洗涤时，先从吸滤瓶上拔去橡皮管，然后加入少量冰冷的蒸馏水，使结晶体均匀浸透，再抽滤至干燥。如此重复洗涤 2 次，可获得纯净的苯甲酸晶体[注释4]，称重，测定熔点，并计算产率。

④ 将得到的苯甲酸晶体保存好，进行下面的鉴定实验。

3. 鉴定

① 化学方法　取苯甲酸样品约 0.2 g，加 0.4% NaOH 溶液 15 mL，振摇，过滤，滤液中加 $FeCl_3$ 溶液 2 滴，即生成红棕色沉淀。反应为：

$$3C_6H_5COONa + FeCl_3 + 3H_2O \longrightarrow Fe(OH)_3\downarrow + 3C_6H_5COOH + 3NaCl$$

② 红外光谱分析　查找苯甲酸相关的红外光谱图，分析产品的红外光谱并与之对照，证明苯甲酸是否合成成功。

五、注意事项

1. 在加热时要控制升温速度，缓慢升温，防止液体溢出。

2. 用冷水洗涤晶体，以提高收率。

六、注释

1. 合成装置示意图见图 2-1，瓶口注意用凡士林密封，注意冷凝水的进出。

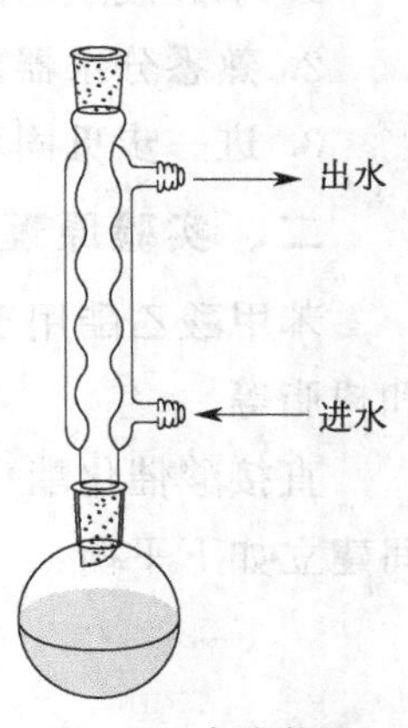

图 2-1　合成装置示意图

2. 精制产品时，如有固体不全溶，可再加入 3～5 mL 热水，加热搅拌使其溶解。但要注意，如果加水加热后不能使不溶物减少，说明不溶物可能是不溶于水的杂质，就不需要再加水，以免误加过多水从而影响产率。

3. 布氏漏斗和抽滤瓶在使用前可用热水加热，防止在抽滤过程中滤液因温度降低而可能析出晶体。

4. 苯甲酸的基本性质参数如下。别名：安息香酸；分子式：C_7H_6O；外观与性状：鳞片状或针状结晶，具有苯或甲醛的臭味；分子量：122.1；蒸气压：0.13 kPa；闪点：121 ℃；熔点：121.7 ℃；

沸点：249.2 ℃；溶解性：微溶于水，溶于乙醇、乙醚、氯仿、苯、四氯化碳等有机溶剂；相对密度：1.27；稳定性：稳定。

主要用途：用作制药和染料的中间体，用于制取增塑剂和香料等，也作为钢铁设备的防锈剂。苯甲酸是弱酸，比脂肪酸酸性强。与脂肪酸的化学性质相似，都能形成盐、酯、酰卤、酰胺、酸酐等，都不易被氧化。最初苯甲酸是由安息香胶经干馏或碱水水解制得，也可由马尿酸水解制得。工业上苯甲酸是在钴、锰等催化剂存在下用空气氧化甲苯制得；或由邻苯二甲酸酐水解脱羧制得。苯甲酸及其钠盐可用作乳胶、牙膏、果酱或其他食品的抑菌剂，也可作染色和印色的媒染剂。在不同温度下的溶解度见表 2-1。

表 2-1　苯甲酸在水中的溶解度

温度/ ℃	25	50	95
苯甲酸在水中的溶解度/(g/100g 水)	0.17	0.95	6.8

七、思考题

1. 使用过氧化氢溶液要注意哪些方面？
2. 过氧化氢溶液可用其他的氧化剂代替吗？试举例说明。
3. 减压过滤有哪些注意事项？
4. 苯甲酸还可以通过哪些方法进行制备？

实验 2　苯甲酸乙酯的制备

一、实验目的

1. 掌握羧酸与醇在酸催化时制备羧酸酯的方法。
2. 熟悉分水器的使用方法。
3. 进一步巩固萃取、回流、干燥、常压蒸馏等基本操作。

二、实验原理

苯甲酸乙酯用于配制依兰型香精和皂用香精，也用作溶剂合成纤维素酯、纤维素醚和树脂等。

直接酸催化酯化反应是经典的制备酯的方法，但反应是可逆反应，反应物与产物之间建立如下平衡：

$$C_6H_5COOH + C_2H_5OH \xrightleftharpoons{H_2SO_4} C_6H_5COOC_2H_5 + H_2O$$

为提高酯的转化率，使用过量乙醇或者将反应生成的水从反应混合物中除去，就可以使平衡向生成酯的方向移动。另外，使用过量的强酸催化剂，水转化成它的共轭酸

H_3O^+，由于 H_3O^+ 没有亲核性，也可抑制逆反应的发生。

由于苯甲酸乙酯的沸点较高，所以本实验采用加入环已烷分水的方法，使环已烷、乙醇和水形成三元共沸物，其沸点为 62.1 ℃。三元共沸物经过冷却在分水器中形成两相，上层的环已烷再返回到反应瓶，而水在下层，已经从反应体系中除去，从而使平衡向正方向移动。

三、实验仪器及试剂

1. 仪器：分水回流装置、圆底烧瓶（100 mL）、烧杯、接收瓶、加热套、玻璃棒、分液漏斗、温度计等。

2. 试剂：苯甲酸（化学纯）、无水乙醇、环已烷、浓硫酸、碳酸钠、无水硫酸镁、石油醚（沸程 60 ～ 90 ℃）、凡士林、沸石。

四、实验步骤

1. 苯甲酸乙酯粗产品的制备　于 100 mL 圆底烧瓶中加入 8.0 g 苯甲酸、20 mL 无水乙醇、15 mL 环已烷和 1 mL 浓硫酸[注释1]，摇匀，加入沸石。安装好分水装置[注释2-3]。反应分两个阶段进行。首先缓慢加热，使蒸气不超过分水器弯曲部位，回流半小时；第二阶段，再升温回流大概 2h。随着回流的进行，分水器中出现上下两层。在加热回流过程中，始终要控制分水器液面位置，上层始终是薄薄的一层有机层，而且能回流至反应瓶中，下层水层不回流到反应瓶即可。当下层接近分水器支管时，要及时将下层液体放入量筒中，以免下层水层流入反应瓶中。当分水器中的水层液体不再上升，表明反应可以结束。先将分水器中的水层放出，此时继续蒸馏，再蒸出多余的环已烷和乙醇（从分水器中放出，放时应该移去热源），当回流速度减慢或反应瓶中有白色烟雾出现，立即停止加热。

2. 苯甲酸乙酯的纯化　将反应烧瓶冷却后，加水 30 mL，分批加入固体碳酸钠中和至中性[注释4]，分液，分出水层，并向水层加入 10 mL 石油醚萃取，分液，用 10 mL 石油醚再萃取，分液（石油醚再萃取操作要求实验室杜绝明火）[注释5]。合并所有有机相，用无水硫酸镁干燥。干燥后的溶液转入 100 mL 或 50 mL 单口瓶中，加入沸石，蒸馏，先回收石油醚，结束后换接收瓶，断续加热，收集 210～213 ℃馏分[注释6]，可得到苯甲酸乙酯纯品[注释7]。称重，测定折射率。将得到的苯甲酸乙酯产品保存好，进行下面的实验。

3. 鉴定

① 物理方法　取少量样品，放入小烧杯中，用手扇动，再闻其气味，应该稍有水果气味。

② 红外光谱分析　查找有关苯甲酸乙酯的红外光谱图，分析产品的红外光谱并与之对照，证明苯甲酸乙酯是否合成成功。

五、注意事项

分水器在使用不当时易碎，因此安装和使用中要小心仔细，防止其受力不均而破裂。

六、注释

1. 浓硫酸具有强腐蚀性，使用过程中要防止浓硫酸滴到其他物品及人身上，防止引发火灾或造成烧伤。使用浓硫酸时，待其他物料加入烧瓶后再缓慢分批加入浓硫酸，并注意不断摇动，以使物料混合均匀，否则局部浓硫酸过浓，而使反应物炭化。

2. 分水器的作用是把反应产生的水从反应体系中分离开来，使得平衡反应向右移动，从而提高反应的产量。要求反应物或溶剂和水是不互溶的，而且密度比水小，这样在分水器里水就能和反应物或溶剂分层，上层的反应物或溶剂又能继续流回反应体系继续反应，而在下层的水就可以从反应体系里分离。

3. 分水器安装完后，把水加到支管口的下沿，再放出理论量的水后关闭阀门。合成装置及常压蒸馏装置示意图如图 2-2、图 2-3 所示，注意瓶口密封及冷凝水的进出。

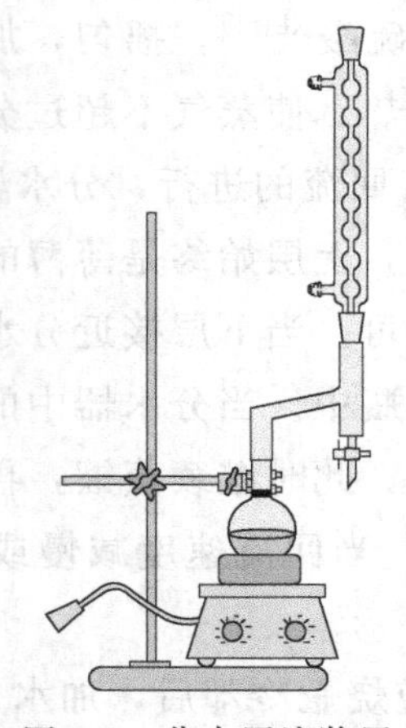

图 2-2　分水回流装置

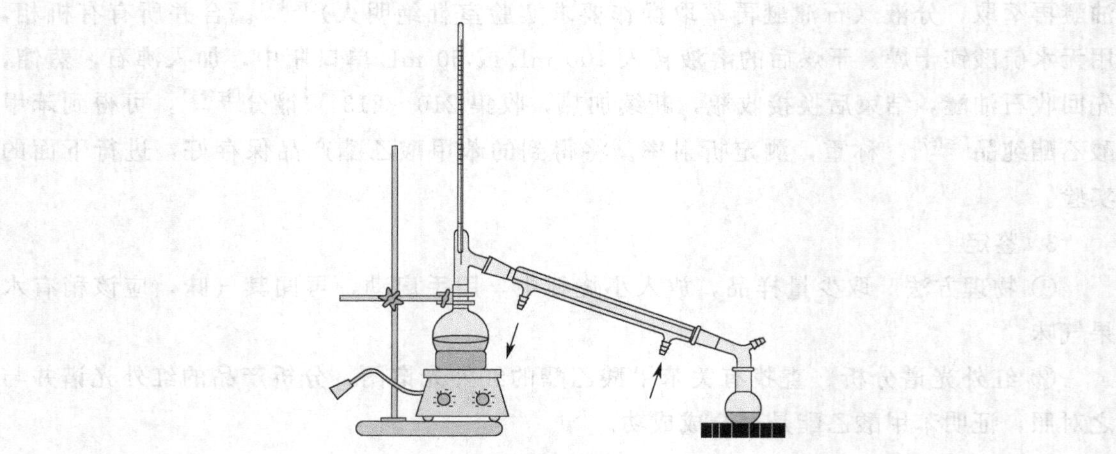

图 2-3　蒸馏装置

4. 加碳酸钠的目的是除去硫酸和未反应的苯甲酸，这个中和酸的操作要彻底，苯甲酸为有机酸，与碳酸钠的反应较慢。(中和不彻底时，最后蒸馏时在 100 ℃以上会有白烟产生，为苯甲酸升华所致。) 同时碳酸钠要研细后分批加入，否则会产生大量的气泡而使液体溢出。

5. 石油醚为烷烃的混合物，此处的沸程在 60～90 ℃。

6. 蒸馏时由于温度较高，如果操作不当有造成烫伤的危险。

7. 苯甲酸乙酯的性质与用途：中文别名为安息香酸乙酯，英文名称是 ethyl benzoate，苯甲酸乙酯为无色透明液体，沸点为 212.6 ℃，折射率为 1.5001 (n_{20}^{D})。不溶于水，稍有水果气味。天然存在于桃、菠萝、红茶和烤烟烟叶中。用于配制香水香精和人造精油，也大量用于食品工业。也可用作有机合成中间体、溶剂，如溶解纤维素酯、纤维素醚、树脂等。

七、思考题

1. 为什么采用分水器除水？为什么要加环己烷？
2. 反应开始时为什么要缓慢加热？如果快速加热到回流有什么危害？
3. 加入固体 Na_2CO_3 的目的是什么？
4. 反应完成时，为什么要继续蒸出多余的环己烷和乙醇？
5. 何种原料过量？为什么？

2.1.2 天然香料——肉桂油

实验 3 从肉桂皮中提取肉桂油

一、实验目的

1. 学习肉桂油提取的原理和方法，了解肉桂油的一般性质。
2. 掌握水蒸气蒸馏实验操作技术。

二、实验原理

肉桂 (*Cinnamomum cassia*) 为樟科、樟属常绿乔木，又名玉桂、牡桂。肉桂皮是肉桂的干燥树皮，其中含有香精油，即肉桂油。肉桂油具有驱虫、防霉和杀菌消毒的作用，被广泛用于食品、饮料、香烟、医药等领域。肉桂油的主要成分是肉桂醛 (3-苯基丙烯醛，C_6H_5—CH═CHCHO)。肉桂醛的沸点为 252 ℃，为略带浅黄色的油状液体，难溶于水，易溶于苯、丙酮、乙醇、氯仿、四氯化碳等有机溶剂，易被氧化，长期放置在空气中慢慢氧化成肉桂酸。

天然香料的主要加工技术是水蒸气蒸馏法。水蒸气蒸馏法的原理：在有机物微溶或不溶于水的情况下，与水一起共热时，整个系统的蒸气压为各组分蒸气压之和，即

$$p_{总}=p_{水}+p_{有机物}$$

当系统内部蒸气压与外界大气压相等时，液体沸腾。此时混合物的沸点显然低于任何一个组分的沸点，即有机物可在低于100 ℃的温度下随蒸气一起蒸馏出来。

水蒸气蒸馏法是利用精油成分与水形成二相共沸物，以略低于水的沸点的温度将精油从原料中提取出来。适合于水蒸气蒸馏法的原料较多，大多数原料的枝、叶、根、茎、皮、籽及部分花均可采用此法，如肉桂、柏木、八角、薄荷、薰衣草、柑橘类、山苍子、菖蒲等。蒸馏过程中香料成分易分解的香原料不适用此法。

三、实验仪器及试剂

1. 仪器：电子天平、粉碎机、烘箱、水蒸气蒸馏装置、分液漏斗（250 mL）、锥形瓶（50 mL）、试管、烧杯、恒温水浴锅、电热套。

2. 试剂：二氯甲烷、无水硫酸钠、石油醚、乙酸乙酯 、1%高锰酸钾溶液、1% Br_2/CCl_4 溶液、2,4-二硝基苯肼、托伦试剂、硅胶 G、乙醇、去离子水、沸石。

四、实验步骤

1. 药品的预处理　将肉桂皮置于60 ℃的烘箱中烘12 h，然后用粉碎机磨成粉，每次实验称取15.00 g肉桂粉。

2. 肉桂油的提取　安装好水蒸气蒸馏装置后[注释1]，在水蒸气发生器旁边的蒸馏烧瓶中加入150 mL热水和几粒沸石[注释2]，称取肉桂皮粉15.00 g加入烧瓶中，开始水蒸气蒸馏，蒸馏完毕后将馏出液移到250 mL分液漏斗中，用20 mL二氯甲烷分2次萃取，弃去上层的水层，将二氯甲烷移至50 mL锥形瓶中，加少量无水硫酸钠，干燥30 min，分离出溶液，在通风橱内用水浴加热蒸去大部分溶剂[注释3]，将浓缩液移入已经称量的干燥试管中，继续在水浴上蒸馏至完全除去二氯甲烷为止，称量[注释4]。

3. 鉴定

(1) 官能团的鉴定　肉桂油的化学反应：①可以与1%的高锰酸钾溶液作用，发现有棕黑色沉淀生成，推测含有还原性官能团；②可以与1% Br_2/CCl_4 溶液反应，推测其主要成分含有不饱和键；③可以与2,4-二硝基苯肼反应，推测其主要成分有羰基；④可以与托伦（Tollens）试剂作用，证明羰基是醛基。

(2) 肉桂油的薄层色谱分析　以硅胶G为吸附剂，乙酸乙酯与石油醚混合液（2∶8）为展开剂，对肉桂油进行薄层色谱分析，计算肉桂醛的 R_f 值[注释5]。

(3) 红外光谱鉴定　对提取的肉桂油样品，进行红外光谱仪测定，与标准图谱进行对比。

五、注意事项

肉桂醛易被空气中的氧慢慢氧化成肉桂酸，因此，不宜长期放置。

六、注释

1. 实验室的水蒸气蒸馏装置如图2-4所示。主要包括水蒸气发生器部分、蒸馏部分、冷凝部分和接收器四个部分，其中后三个部分与简单蒸馏装置类似。

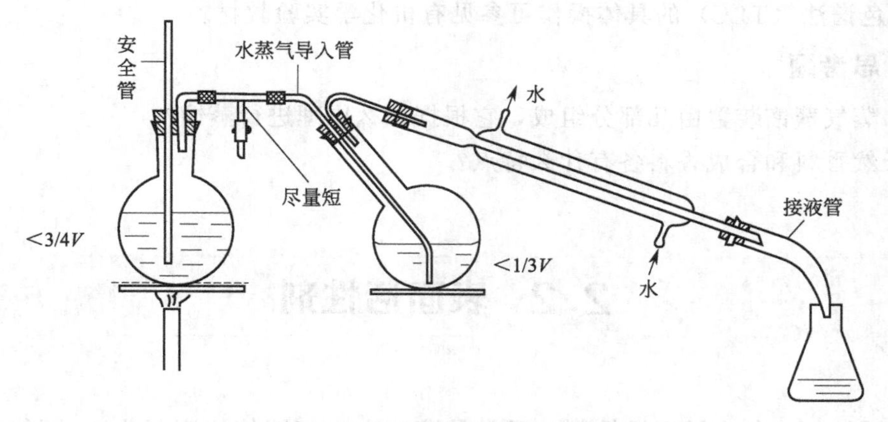

图 2-4 简易水蒸气蒸馏装置示意图

水蒸气蒸馏操作：

① 检漏 按图 2-4 所示，将仪器按顺序安装好，认真检查仪器各部位连接是否严密，是否为封闭系统。

② 加料 在蒸馏瓶中加入待蒸馏物，装入量不得超过容积的 1/3；在水蒸气发生瓶中加入约 1/2 ～2/3 体积的水（最多不超过 3/4），待检查整个装置气密性后，松开 T 形管的螺旋夹，加热水蒸气发生器。

③ 加热 当有大量水蒸气从 T 形管的支管冲出时，开启冷凝水，旋紧 T 形管螺旋夹，导入水蒸气开始蒸馏。蒸馏速度控制在 2～3 滴/s。

④ 收集馏分 水蒸气蒸馏收集馏分方法与简单蒸馏相同。当馏出液无明显油珠，澄清透明时，便可停止蒸馏。注意先旋开螺旋夹，再移开热源，以免发生倒吸现象。稍冷后关闭冷却水，取下接收瓶，然后按安装的相反顺序拆除仪器。

2. 蒸馏时，蒸馏烧瓶内的水不能超过烧瓶容量的 1/ 3，水过多，待水沸腾时，会把部分肉桂粉冲出支管，导致产品不纯。

3. 二氯甲烷有一定的毒性，蒸发溶剂也可以用普通蒸馏装置进行。

4. 肉桂油产品质量指标（GB 1886.207—2016）：

① 外观指标：淡黄色至红棕色液体，具有香气。

② 技术指标：羰基化合物含量（以肉桂醛表示）≥80％；折射率为 1.600～1.614；酸值≤15.0 mg KOH/g；溶混度为 1 mL 试样混溶于 3 mL 70％（体积分数）乙醇中，呈澄清溶液；相对密度为 1.052～1.070。

5. 薄层色谱法（TLC），系将适宜的固定相涂布于玻璃板、塑料或铝基片上，成一均匀薄层，待点样、展开后，将比移值（R_f）与适宜的对照物按同法所得色谱图的比移值（R_f）作对比，进行药品的鉴别、杂质检查或含量测定。

R_f＝溶质移动的距离/溶液移动的距离，表示物质移动的相对距离。

各种物质的 R_f 随要分离化合物的结构、滤纸或薄层色谱板的种类、溶剂、温度等不同而不同，但在条件固定的情况下，R_f 对每一种化合物来说是一个特定数值。

薄层色谱法（TLC）的具体操作可参见有机化学实验教材。

七、思考题

1. 水蒸气蒸馏装置由几部分组成，它根据什么原理进行蒸馏？
2. 天然香料和合成香料各有什么特点？

2.2 表面活性剂

表面活性剂又称为界面活性剂。通常是溶于水中（即使浓度很小），而能显著降低水对空气的表面张力，或水同其他物质的界面张力的物质，称为表面活性剂。表面活性剂的分子结构具有两亲性：一端为亲水基团，另一端为憎水基团。亲水基团常为极性基团，如羧酸、磺酸、硫酸、氨基（或胺基）及其盐，也可是羟基、酰胺基、醚键等；而憎水基团的变化较少，一般包括非极性烃链，如 8 个碳原子以上烃链，碳氟链，聚硅氧烷基。

表面活性剂的分类，有很多种方法。最常用和最方便的方法是按离子的类型分类。根据分子组成特点和极性基团的解离性质，将表面活性剂分为离子表面活性剂和非离子表面活性剂［如脂肪醇聚氧乙烯醚 $R—O(CH_2CH_2O)_nH$］。根据离子表面活性剂所带电荷，又可分为阳离子表面活性剂（如季铵盐 $C_{17}H_{35}—\overset{CH_3}{\underset{CH_3}{N^{\pm}}}—CH_2—C_6H_5\ Cl^-$）、阴离子表面活性剂（如烷基磺酸盐类 $R—SO_3Na$）和两性离子表面活性剂（如甜菜碱型 $C_{12}H_{25}—\overset{CH_3}{\underset{CH_3}{N^{\pm}}}—CH_2COO^-$）。一些表现出较强的表面活性同时具有一定的起泡、乳化、增溶等应用性能的水溶性高分子，称为高分子表面活性剂，如海藻酸钠、羧甲基纤维素钠、甲基纤维素、聚乙烯醇、聚维酮等，但与低分子表面活性剂相比，高分子表面活性剂降低表面张力的能力较小，增溶性、渗透力弱，乳化力较强，常用作保护胶体。

表面活性剂的合成经常使用一些有机合成单元反应和有机合成实验技术。

实验 4 阴离子表面活性剂——十二烷基硫酸钠的合成

一、实验目的

1. 掌握十二烷基硫酸钠表面活性剂的合成原理和合成方法。

2. 掌握十二烷基硫酸钠重结晶提纯的原理及操作方法。

二、实验原理

十二烷基硫酸钠，别名为月桂醇硫酸钠，是阴离子硫酸酯类表面活性剂的典型代表，由于它具有良好的乳化性、起泡性、可生物降解、耐碱、耐硬水、在较宽 pH 范围的水溶液中稳定存在等特点，广泛应用于化工、纺织、印染、化妆品和洗涤用品制造、制药、造纸、石油、金属加工等各种工业部门。

十二烷基硫酸钠由月桂醇与氯磺酸或氨基磺酸作用后经中和而制得。其反应式如下：

（1）用氯磺酸硫酸化

$$C_{12}H_{25}OH + ClSO_3H \longrightarrow C_{12}H_{25}OSO_3H + HCl$$

$$C_{12}H_{25}OSO_3H + NaOH \longrightarrow C_{12}H_{25}OSO_3Na + H_2O$$

（2）用氨基磺酸硫酸化

$$C_{12}H_{25}OH + NH_2SO_3H \longrightarrow C_{12}H_{25}OSO_3NH_4$$

$$C_{12}H_{25}OSO_3NH_4 + NaOH \longrightarrow C_{12}H_{25}OSO_3Na + NH_3 \cdot H_2O$$

氯磺酸中和时会产生氯化铵和硫酸铵，导致产品中无机盐含量过高影响产品质量，产品颜色较深；氨基磺酸法无机盐含量低，产品颜色浅、质量好。另外，氯磺酸具有很强的腐蚀性，实验过程安全性差。

本实验采用氨基磺酸硫酸化合成十二烷基硫酸钠。

三、实验仪器及试剂

1. 仪器：电动搅拌器、电热套、三口烧瓶、温度计、分液漏斗 、烧杯、橡皮管、漏斗。

2. 试剂：月桂醇、氨基磺酸、尿素、浓硫酸、氢氧化钠、乙醚、乙醇、1%酚酞指示剂。

四、实验步骤

1. 合成　合成装置见图 2-5[注释1]。在三口烧瓶中加 入 40 mL 月桂醇（正十二 醇）、混合均匀的 9.7 g 氨基磺酸和 2.4 g 尿素，再滴加少量浓硫酸[注释2]。在 105～110 ℃下搅拌反应1.5～2.0 h，用 30% 的 NaOH 溶液处理，放尽 NH_3，测定 pH 为 7.0～8.5，倒出即得到粗产品。

2. 纯化　在粗产品中加入 120 mL 水加热使产物呈流态，并将其倒入烧杯中，冷却至室温后，再用 40～50 mL 乙醚洗涤[注释3]，其间不断搅拌（用 30%的 NaOH 调 pH 至 8～9），至下层清澈，静置分层，用吸管吸出上层醚层（回收），将下层清液加热浓缩，冷却结晶，即可得到产物[注释4]。过量的月桂醇溶于乙醚，可以回收干燥后再利用。

3. 红外光谱鉴定与纯度测定

(1) 红外光谱鉴定　对提纯的十二烷基硫酸钠样品，进行傅里叶变换红外光谱测定，并与标准图谱进行对比。

(2) 纯度测定　准确称取 1～2 g 试样，置于 250 mL 圆底烧瓶中，加入 0.25 mol/L 硫酸溶液 25.00 mL，接装水冷凝管，加热回流 2 h。开始加热时，温度不宜过高，待溶液澄清，泡沫停止后，升高温度，充分回流。冷却后，用 30 mL 乙醇洗涤水冷凝管，再用 50 mL 去离子水洗涤，卸下冷凝管，用去离子水洗涤接口。加入几滴 1% 酚酞指示剂溶液，用 NaOH 溶液滴定至终点。同时取 0.25 mol/L 硫酸溶液 25.00 mL，用 NaOH 标准溶液滴定，做空白实验。按下式计算十二烷基硫酸钠的质量分数。

$$\omega(C_{12}H_{25}SO_4Na)=[(V_1-V_0)\times 10^{-3}\times c\times 288.4]/m\times 100\%$$

式中　V_1——滴定试样所耗 NaOH 标准溶液的体积，mL；

V_0——空白试样所耗 NaOH 标准溶液的体积，mL；

c——NaOH 标准溶液的物质的量浓度，mol/L；

m——试样质量，g；

288.4——十二烷基硫酸钠的摩尔质量，g/mol。

五、注意事项

本实验有氨气产生，注意采用吸收装置进行吸收。

六、注释

1. 带有吸收装置的合成装置如图 2-5 所示。

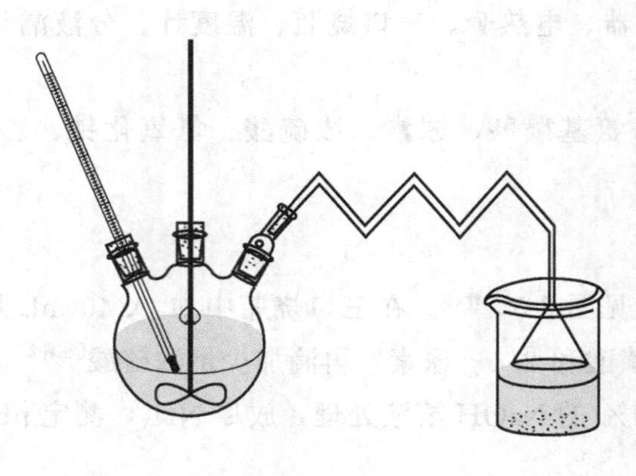

图 2-5　合成装置

2. 以氨基磺酸为硫酸化试剂的反应是：氨基磺酸先进行分子内重排再在酸的催化下对月桂醇进行脱氢，在浓硫酸和尿素的催化作用下，即得十二烷基硫酸铵，然后经氢氧化钠处理即可得到十二烷基硫酸钠。硫酸和尿素为复合催化剂。

3. 本实验中月桂醇过量，过量部分在实验中起稀释作用，反应结束后，它就成为含量较大的杂质。本实验选择用乙醚抽提的方法对粗产品进行提纯，这是因为高级醇在乙醚中分散性和溶解性较水和乙醇好。

4. 纯的十二烷基硫酸钠为白色固体，能溶于水，对碱和弱酸较稳定，在120 ℃以上会分解。工业品十二烷基硫酸钠的控制指标一般为：活性物含量≥80%，水分≤3%，高碳醇≤3%，无机盐≤8%，pH（3%溶液）8～9。

七、思考题

1. 表面活性剂有哪几种？请各举一例。

2. 简述氨基磺酸法较氯磺酸法合成十二烷基硫酸钠的优点。

实验5　生物基表面活性剂的合成

一、实验目的

1. 掌握以蔗糖和茶籽油为原料，用微乳化法一步转酯合成含蔗糖脂肪酸酯及甘油单脂肪酸酯（单甘酯）的生物基表面活性剂的合成原理和合成方法。

2. 掌握生物基表面活性剂提纯的原理及操作方法。

二、实验原理

不同于传统的石油基表面活性剂，生物基表面活性剂的主要原料为可再生的生物质。目前生产表面活性剂亲油基部分的原料来源主要有两大类：一是石油化工品；二是可再生的生物质资源。自20世纪50年代开始，鉴于安全、环保及可持续发展等因素，石油基表面活性剂在表面活性剂的总产量中所占的份额逐渐下降。生物质资源被认为是替代化石资源的最佳资源之一。生物基表面活性剂的疏水基大部分来自植物油或动物油中的脂肪酸，亲水部分有蛋白质和碳水化合物。

蔗糖脂肪酸酯是以蔗糖与天然油脂中的脂肪酸为原料制成的非离子表面活性剂，甘油单脂肪酸酯是一种多元醇型非离子表面活性剂。蔗糖脂肪酸酯在合成过程一般需要分为两步：①先将油脂转化为脂肪酸甲酯；②再与蔗糖进行酯交换反应。其合成分为溶剂法、微乳化法、无溶剂法等。微乳化法以丙二醇或水作溶剂，碳酸钾为催化剂，脂肪酸皂为乳化剂，反应形成微乳化体系进行酯交换。本实验以蔗糖及油脂通过微乳化法一步转酯直接合成含蔗糖脂肪酸酯及甘油单脂肪酸酯的生物基表面活性剂。

工业上的甘油单脂肪酸酯主要是采用硬化油和甘油交换生产的，产品一般不是纯的单酯，而是含单酯、二酯和三酯的混合物。

随着人类“回归自然”及环境意识的增强，以天然原料制备“生物基表面活性剂”的研究与开发越来越受到重视。某些工业用途中并不需要高纯度的蔗糖脂肪酸酯及甘油单脂肪酸酯，如餐具及果蔬洗涤用品和化妆品行业，但这两个行业需要的是绝对无毒、安全的产品。

三、实验仪器及试剂

1. 仪器：集热式恒温加热磁力搅拌器、数控超声波清洗器、恒温水浴锅、圆底烧瓶、烧杯、分液漏斗。

2. 试剂：肥皂、蔗糖、山茶籽油、碳酸钾、石油醚、乙酸、氯化钠、乙酸乙酯。

四、实验步骤

1. 合成　于 100 mL 圆底烧瓶中加入 6.84 g 蔗糖及 5 mL 蒸馏水，搅拌溶解后再加入 1.68 g 肥皂和 0.34 g 碳酸钾，加热并于 90 ℃下搅拌 0.5 h，制备均一的液体混合物。再缓慢滴加 4.39 g 山茶籽油[注释]，搅拌 0.5 h 使其形成乳浊液。然后升温至 130 ℃反应 5 h，得到粗产品。

2. 纯化

(1) 除油脂　向粗产品中加入 15 mL 石油醚，超声 10 min，抽滤，用少量石油醚洗涤，收集固体。

(2) 除皂除糖　取上述固体于烧杯中，加入 30 mL 蒸馏水，加热至 80 ℃，搅拌下逐滴滴加3%乙酸溶液，调节 pH 至 6。趁热转移至分液漏斗中，加入 30 mL15%的氯化钠水溶液，静置分层。上层相再用 30 mL15%的氯化钠水溶液洗至下层澄清。上层相中加入 5 倍体积的乙酸乙酯和 3 倍体积的水，70 ℃水浴搅拌 10 min，静置分层，分取有机相回收溶剂得到产品。按以下公式计算收率。

$$收率=\frac{m_{产}-m_{硬}}{m_{理}}\times 100\%$$

式中　$m_{产}$——产品质量，g；

$m_{硬}$——按肥皂添加量计算的硬脂酸质量，g；

$m_{理}$——按蔗糖单硬脂酸酯及甘油单硬脂酸酯以 1∶1 的混合物计算平均理论产量，g。

五、注意事项

肥皂在本实验中作为乳化剂，其主要成分是硬脂酸钠盐。

六、注释

山茶籽油是山茶籽榨的，山茶籽来自植物山茶的种子，所以山茶籽油是植物油。植物油的主要成分是直链高级脂肪酸和甘油生成的酯，脂肪酸除软脂酸、硬脂酸和油酸外，还含有多种不饱和酸，如芥酸、桐油酸、蓖麻油酸等。

七、思考题

简述本实验中生物基表面活性剂纯化原理。

2.3 化妆品

化妆品是为了使人体清洁、美化，或者为了保持皮肤或毛发的健美而在人体上施用的物品。化妆品的品种很多，一般有以下几种分类方法。

（1）按年龄和性别分类

可分为四类：①婴儿用化妆品，婴儿皮肤娇嫩，抵抗力弱；配制时应选用低刺激性原料，香精也要选择低刺激的优制品；②少年用化妆品，少年皮肤处于发育期，皮肤状态不稳定，且极易长粉刺；可选用调整皮脂分泌作用的原料，配制弱油性化妆品；③男士用化妆品，男士多属于油性皮肤，应选用适于油性皮肤的原料；剃须膏、须后液也属男士专用化妆品；④女士用化妆品，女士为化妆品消费市场的主力人群，使用产品类型丰富、功能多样；其中孕妇化妆品为特殊功能化妆品，女士在孕期内，因雌激素和黄体素分泌增加，肌肤自我保护与修复的能力不足以应付日益增加的促黑素，进而引起黑色素增多，导致皮肤色素加深等问题，因此要格外注意孕期内的皮肤护理。

（2）按剂型分类

可分为六类：①液体化妆品，如浴液、洗发液、化妆水、香水等；② 乳液，如蜜类、奶类；③膏霜类，如润面霜、粉底霜、洗发膏；④粉类，如香粉、爽身粉；⑤ 块状，如粉饼、眼影；⑥棒状 ，如口红、发蜡。

（3）按使用部位进行分类

可分为四类：①肤用化妆品，指面部及皮肤用化妆品，这类化妆品有各种面霜、浴剂；②发用化妆品，指头发专用化妆品，这类化妆品有香波、摩丝、喷雾发胶等；③美容化妆品，主要指面部美容产品，也包括指甲、头发的美容品；④特殊功能化妆品，指添加有特殊作用药物的化妆品。

（4）按使用目的进行分类

可分为四类：①清洁化妆品，用以洗净皮肤、毛发的化妆品，这类化妆品如清洁霜、洗面奶、浴剂、洗发护发剂、剃须膏等；②基础化妆品，化妆前，对面部、头发的基础处理，这类化妆品如各种面霜、蜜、化妆水、面膜、发乳、发胶等；③美容化妆品，用于面部及头发的美化用品，这类化妆品指胭脂，口红，眼影，头发染烫、发型处理、固定等用品；④疗效化妆品，介于药品与化妆品之间的日化用品，这类化妆品有清凉剂、除臭剂、育毛剂、除毛剂、染发剂等。

化妆品是由各种不同作用的原料经过复配加工而成，它的质量的优劣，除了决定于配方和加工技术外，主要还决定于原料的质量。有些化妆品原料的合成经常使用一些有机合成单元反应和有机合成实验技术。

实验 6　冷烫卷发剂——巯基乙酸铵的合成

一、实验目的

1. 通过实验，了解化妆品的基本知识。

2. 掌握硫脲法合成巯基乙酸铵的实验方法和操作技术。

二、实验原理

巯基乙酸铵为浅红色液体，有特殊的臭味，相对密度为 1.200～1.205，遇铁呈紫红色，有腐蚀性。

巯基乙酸铵是冷烫卷发剂的主要成分。冷烫卷发剂，多数由还原剂（第一剂）和氧化剂（第二剂）配套组成。巯基乙酸铵为冷烫卷发剂中的还原剂（第一剂）。

本实验采用硫脲法合成巯基乙酸铵。以氯乙酸为起始原料，制取巯基乙酸铵的反应如下：

$$2ClCH_2COOH + Na_2CO_3 \longrightarrow 2ClCH_2COONa + H_2O + CO_2\uparrow$$

$$ClCH_2COONa + (H_2N)_2C{=}S \longrightarrow HN{=}C(H_2N)SCH_2COOH\downarrow + NaCl$$

S-羧甲基异硫脲

$$2\,HN{=}C(H_2N)SCH_2COOH + 2Ba(OH)_2 \longrightarrow Ba(SCH_2COO)_2Ba\downarrow + 4NH_3 + 2CO_2$$

$$Ba(SCH_2COO)_2Ba + 2NH_4HCO_3 \longrightarrow 2HSCH_2COONH_4 + 2BaCO_3\downarrow$$

二(巯基乙酸)钡

三、实验仪器及试剂

1. 仪器：烧杯（100 mL、200 mL）、电热套、布氏漏斗、吸滤瓶、水循环式多用真空泵。

2. 试剂：氯乙酸、硫脲、碳酸氢铵、碳酸钠、氢氧化钡、醋酸、醋酸镉、氨水(10%)。

四、实验步骤

1. 合成　在 100 mL 烧杯中，将 5.0 g（0.053 mol）氯乙酸溶于 10 mL 水中[注释1]。将所得溶液用饱和碳酸钠溶液小心中和至 pH 为 8 左右[注释2]。

在另一个 100 mL 烧杯中，装入 20 mL 水和 4.5 g（0.059 mol）硫脲，加热至 50 ℃使之完全溶解，然后把上述制得的氯乙酸钠溶液加入其中。加热升温至 60 ℃，并保持在此温度下反应 30 min，其间进行间歇搅拌。趁热过滤，收集生成的沉淀。用水洗净沉淀，抽干，得到 *S*-羧甲基异硫脲粗品。

2. 纯化　在 200 mL 烧杯中，把 17.5 g（0.056 mol）氢氧化钡 [$Ba(OH)_2 \cdot H_2O$]

溶于 40 mL 热水中，再加入以上制得的 S-羧甲基异硫脲粗品。升温至 70 ℃，保持在此温度下反应 1 h，其间进行间歇搅拌，使沉淀物完全转化为二（巯基乙酸）钡。待混合物冷却至室温后，抽滤压干。

在另一个 100 mL 烧杯中，用 5 g 碳酸氢铵和 20 mL 水配制溶液，再把洗净的钡盐加入其中，搅拌 10 min 后过滤。滤渣再用由 5 g 碳酸氢铵和 20 mL 水配成的溶液重复处理一次。将两次滤液合并。所得到的巯基乙酸铵溶液呈浅红色，浓度约为 10%[注释3]。

3. 鉴定　将 2 mL 左右样品稀释至 10 mL，加入 10%醋酸 5 mL，摇匀，加 10%醋酸镉 2 mL，摇匀，观察现象，此时如果有巯基乙酸铵，则生成白色胶状物，再加 10%氨水，摇匀，则白色胶状物沉淀溶解。

五、注意事项

在整个实验过程中，不允许与铁接触。巯基乙酸铵具有挥发性，制成的产品需当天测试，并且具有被空气缓慢氧化的性质，因此，在称取过程中不能用敞开的容器。

六、注释

1. 氯乙酸的腐蚀性很强，皮肤沾上后即感到难受的刺痛，使用时应戴上橡胶手套。氯乙酸又容易吸湿潮解，取用后应立即把盛装氯乙酸的容器密封好。

2. 氯乙酸在碱性条件下易水解为乙酸，因此，制备氯乙酸钠时，最后所得产品水溶液的 pH 不可超过 8。另外，在中和过程中，应注意避免加料太快，以免二氧化碳释放过于猛烈而损失物料。

3. 巯基乙酸及其金属盐很容易被空气氧化而失效。当溶液中含铁等过渡金属离子时，氧化可大大加速。因此，制成的第一剂中铁离子含量一般要求少于 2 mg/L，最多不得高于 5 mg/L。

七、思考题

1. 巯基乙酸铵产品的杂质是如何除掉的？

2. 请简述巯基乙酸铵在冷烫剂中的作用。

实验 7　天然防晒剂的配制

一、实验目的

1. 掌握从茶叶中提取防晒剂有效成分的原理和方法。

2. 熟悉利用茶叶防晒提取物配制天然防晒剂的原理和方法。

二、实验原理

近年来，经常有一些人工合成的防晒剂因其本身的光稳定性差、氧化变质从而造成涂抹时皮肤过敏和皮肤使用感差的现象发生。自然界中有许多植物和中草药中含有有效的天然防晒成分。从天然植物和中草药中提取温和且有效的植物成分，逐渐减少或避免人工合成的化学成分的添加，保证防晒化妆品的有效性和安全性，是今后防晒化妆品配方改进的一个新思路。

茶叶含有茶多酚、嘌呤碱类、氨基酸、蛋白质、维生素类、矿物质元素等，这些成分具有护肤和防晒的功效，是化妆品常用的功能性添加剂。茶多酚为2-连（或邻）羟基苯并吡喃衍生物，具有共轭结构，对紫外线强烈吸收，吸收波长范围为200～400nm。茶多酚也具有很好的抗氧化性，据报道，其抗氧化能力比维生素E、2,6-二叔丁基-4-甲基苯酚（BHT）、丁基羟基茴香醚（BHA）强3～9倍，是一种高效的抗氧化剂和人体自由基去除剂，具有很好的抗衰老和护肤效果。氨基酸、蛋白质、维生素类、矿物质元素等也是很好的皮肤营养成分，其单体已广泛用于化妆品中。因此茶叶提取物具备配制防晒剂的条件。

三、实验仪器与试剂

1. 仪器：电子天平、恒温水浴锅、水循环式多用真空泵、布氏漏斗、吸滤瓶、高速剪切乳化机、搅拌机。

2. 试剂：废茶叶、活性炭（或活性白土）、十六烷基磷酸酯钾（CPK）、甘油、白油、硬脂酸、十六十八混合醇、单甘酯、辛癸酸甘油酯（GTCC）、维生素E、超细钛白粉、二甲基硅油、乳化剂319（改性聚丙烯酸乳化剂）、防腐剂杰马-BP（重氮咪唑基脲）、香精。

四、实验步骤

1. 茶叶防晒提取物的制备　茶叶中大部分有效成分均溶于水，所以选用水作提取剂。称取经粉碎的废茶叶200 g，加水2000 mL，在80 ℃恒温水浴中搅拌提取60 min，过滤。滤液用活性炭或活性白土脱色处理30 min，过滤，滤液即为茶叶提取液，色泽较浅，为淡黄色。

2. 天然防晒剂（O/W型）的配制

① 将茶叶提取液、CPK、甘油混合溶解，加热至85 ℃，为水相；将白油、硬脂酸、十六十八混合醇、单甘酯、GTCC、维生素E等混合，加热至85 ℃，为油相；将油相和水相混合，高速剪切乳化5 min，然后搅拌冷却至40 ℃，为A组分；

② 将超细钛白粉与二甲基硅油混合，并高速搅拌10 min，使钛白粉均匀分散在硅油中，为B组分；

③ 将A组分、B组分和适量去离子水混合，加入乳化剂319、防腐剂杰马-BP、香精，搅拌混合均匀，即为产品[注释]。

3. 天然防晒剂产品防晒系数测试　防晒系数（SPF）是防晒产品对阳光中紫外线（UVB）的防御能力的检测指数，表明防晒产品所能发挥的防晒效能。它是根据皮肤的最低红斑剂量来确定的。

最低红斑剂量，是指在完全不使用防晒产品的情况下，在阳光中皮肤出现红斑的最短日晒时间。使用防晒产品后，皮肤的最低红斑剂量会增加，那么该防晒产品的防晒系数（SPF）则为：

SPF＝最低红斑剂量(用防晒产品后)/最低红斑剂量(用防晒产品前)

SPF 的数值适用于每一个人，假设紫外线的强度不会因时间改变，一个没有任何防晒措施的人如果待在阳光下 20 min 后皮肤会变红，当他采用 SPF15 的防晒产品时，表示可延长 15 倍的时间，也就是在 300 min 后皮肤才会被晒红。

低级防晒产品 SPF 在 2～6，中级防晒产品 SPF 在 6～8，高等防晒产品则 SPF 在 8～12，SPF 在 12～30 范围内的产品则属高强或超高强防晒产品。

防晒系数具体测试步骤参见美国食品和药品管理局（FDA）对防晒产品防晒指数的测定方法（Testing Procedure，Federal Register，21 CFR. Part 352. 70-73，1993）。

五、注意事项

1. GTCC 又名辛癸酸甘油酯，化学组成为甘油三辛酸酯、甘油三癸酸酯，为无臭、无色或浅黄色透明油状液体。GTCC 广泛用于防晒油、防晒膏霜和乳液，晒后防护膏霜和乳液，头发修饰油和膏霜（可使头发光亮，柔滑易梳理），洗浴油，护肤油和营养液，洗面奶、膏霜和乳液，婴儿护肤油、膏霜和乳液，化妆霜、化妆棒、药品。GTCC 黏度较低，可作为保湿因子的基料，化妆品的稳定剂、防冻剂、均质剂。GTCC 也可用于口红、唇膏、剃须膏中，可改变化妆品的分散性和光泽度。一般推荐用量：1%～15%。

2. 防腐剂杰马-BP 是一种广谱抗菌防腐剂，低浓度下效果良好，可与各种表面活性剂、蛋白质以及大多数化妆品成分相配伍。广泛用于 O/W、W/O 型乳化体系和水溶性配方。在膏霜、乳液、香波、湿巾等各种驻留型和洗去型产品中也有应用。防腐剂杰马-BP 直接溶解于水剂产品中使用，建议用量为 0.1%～0.8%。

六、注释

O/W 型防晒霜参考配方见表 2-2

表 2-2　O/W 型防晒霜参考配方

组　分	用量/g	组　分	用量/g
茶叶提取液	70	二甲基硅油	7
CPK	2.5	超细钛白粉	4
甘油	2	乳化剂 319	3
GTCC	10	去离子水	50
维生素 E	2	防腐剂杰马-BP	0.5
白油	10	香精	0.1
十六十八混合醇	5		

七、思考题

1. 简述天然防晒剂的主要优点。

2. 简述防晒系数测试方法。

2.4 催化剂

据估算，约有85%的化学工业过程涉及催化反应，因此催化反应也被认为是现代化学工业的基石。新催化剂和新催化工艺的研发成功，都会引起包括化工、石油化工等重大工业在内的生产工艺上的改革，降低生产成本，并能为人类生活提供更多的新产品和新材料。

催化剂主要分为三类：①多相反应固体催化剂，在石化工业中常用，如 Al_2O_3/SiO_2 催化裂化生产汽油；②均相反应酸、碱、络合物催化剂，在精细化学品合成、聚合反应中常用，如茂金属络合物催化反应生产聚乙烯；③酶催化剂，在生物化工领域常用，如腈水合酶催化水合制备丙烯酰胺。

催化剂的一般制备方法有：沉淀法、浸渍法、混合法、离子交换法。不同的制备方法，将会影响催化剂的性能。

① 沉淀法　沉淀法的基本原理是在含金属盐类的水溶液中，加沉淀剂，以便生成水合氧化物、碳酸盐的结晶或凝胶。将生成的沉淀物分离、洗涤、干燥、焙烧、成型后，即得催化剂。

② 浸渍法　以浸渍为关键和特殊步骤制造催化剂的方法称浸渍法，也是目前催化剂工业生产中广泛应用的一种方法。浸渍法是基于活性组分（含助催化剂）以盐溶液形态浸渍到多孔载体上并渗透到内表面，而形成高效催化剂的方法。通常用含有活性物质的液体浸渍各类载体，当浸渍平衡后，去掉剩余液体，再进行与沉淀法相同的干燥、焙烧、活化等工序后处理。经干燥，将水分蒸发逸出，可使活性组分的盐类遗留在载体的内表面上，这些金属和金属氧化物的盐类均匀分布在载体的细孔中，经加热分解及活化后，即得高度分散的载体催化剂。

③ 混合法　直接将两种或两种以上物质机械混合再经碾压制成催化剂的方法。其操作时将活性组分与载体机械混合后，碾压至一定程度，最后煅烧活化。混合法具有设备简单、操作方便、产品化学组成稳定的优点，但也存在产品分散性和均匀性较差的缺陷。

④ 离子交换法　是在载体上进行金属离子交换而负载活性成分的方法，如用离子交换手段把活性组分以阳离子的形式交换吸附至载体上。离子交换法适用于制备贵金属催化剂、负载型金属催化剂。

实验8　沸石催化剂的制备与成型

一、实验目的

1. 掌握离子交换法制备 HY 型沸石催化剂的原理和方法。

2. 掌握催化剂挤条成型的方法。

二、实验原理

沸石是沸石族矿物的总称，是一种含水的碱金属或碱土金属的铝硅酸矿物。所有的沸石都可用以下通式表示：

$$M_{n/2}O \cdot Al_2O_3 \cdot xSiO_2 \cdot yH_2O$$

式中，M为碱金属或碱土金属，称为沸石中的阳离子；n为M的电价。用金属的盐溶液处理沸石时，沸石中的阳离子可与溶液中的阳离子互相交换，这是沸石的重要特性。

Y型沸石是类似天然八面沸石结构的合成结晶铝硅酸盐，其x为3～6，y随吸附水的程度而不同，其值可到9。Y型沸石具有规整的孔道结构，开阔的孔穴，大的比表面积和高的热稳定性，并能和多种阳离子进行交换。目前Y型沸石已被用于石油化工中的催化裂化、加氢裂解，石蜡异构化，烷基化等催化过程，以及混合二甲苯的吸附分离过程。

由于合成的沸石基本类型是NaY型，不显酸性，因此必须要将多价阳离子或氢质子引入晶格中，使其显现固体酸性。所以制备沸石催化剂往往要进行离子交换，将NaY型沸石转换成HY型。

本实验即通过离子交换法制备HY型沸石催化剂，其主要制备步骤如下：

NaY型沸石→离子交换→离心分离→过滤洗涤→真空干燥→成型→焙烧→成品

上述制备步骤中的离子交换主要是铵交换。

铵交换就是用铵盐溶液对NaY进行离子交换，交换时不会脱铝。用NH_4NO_3溶液交换时其反应式如下：

$$NaY + NH_4NO_3 \longrightarrow NH_4Y + NaNO_3$$

上述制备步骤中的焙烧是使催化剂具有一定活性不可缺少的步骤。通过焙烧可以进一步提高催化剂活性，保持催化剂的稳定性和增强催化剂的机械强度。

用铵盐交换得到的NH_4Y型沸石，当加热处理时，铵型变成氢型：

$$NH_4Y\text{型沸石} \xrightarrow{350\sim550\ ℃} HY\text{型沸石} + NH_3$$

如将温度进一步提高，则可进一步脱水，出现路易斯酸中心。

分子筛吸附吡啶的红外光谱研究表明，HY型分子筛的OH是酸位中心，且NH_4Y型沸石经350～550 ℃焙烧制成的HY型分子筛的酸度最大。

制备过程的成型是使催化剂具有一定的形状和尺寸。催化剂常用的形状有球状、粒状、条状、柱状、中孔状、环状等。离子交换后的沸石为粉末状，需加入一定量的黏合剂，塑成合适的形状。

三、实验仪器及试剂

1. 仪器：三口烧瓶、回流冷凝器、搅拌器、水银温度计、水循环式多用真空泵、布氏漏斗、吸滤瓶、挤条机、瓷坩埚、马弗炉、电子天平、锥形瓶、容量瓶、振荡器、离心试管、离心机、凯氏瓶、定氮蒸馏装置、分光光度计、比色管。

2. 试剂：NaY 型沸石、NH_4NO_3、氧化铝、醋酸铵、乙醇、纳氏试剂、氧化镁、硼酸、酒石酸钾钠。

四、实验步骤

1. 离子交换法制备 HY 型沸石催化剂　称取 20.0 g 合成的 NaY 型沸石装入三口烧瓶中，量取预先配制好的 1 mol/L 的 NH_4NO_3 溶液 200 mL 倒入三口烧瓶中，然后将三口烧瓶放入加热装置中[注释]，装上回流冷凝器、搅拌器、水银温度计，打开冷却水。启动搅拌器加热升温。控制温度在 70 ℃下搅拌反应 1 h，然后停止搅拌并降温。待沸石沉至瓶底，过滤上层清液，然后重新加入 200 mL 的 NH_4NO_3 溶液进行第二次交换，方法步骤同上。第二次交换完成后，温度降至室温进行过滤和洗涤。

2. 过滤与洗涤　对沉降液体，真空抽滤。然后，将滤饼用蒸馏水洗涤再进行真空抽滤，获得 HY 型沸石滤饼。

3. 成型　将烘干后的 HY 型沸石研细，然后以 4∶1（质量比）的比例加入黏合剂氧化铝，混合均匀后加入少量水进行捏合，捏合充分后将物料放入挤条机中挤条。

挤条成型后的 HY 型沸石催化剂切成一定大小的颗粒，以备焙烧活化。

4. 焙烧　将 HY 型沸石催化剂颗粒放入瓷坩埚内，置于马弗炉炉膛中心。控制温度在 5 h 内升温到 500 ℃，在此温度下保持 4 h，自然降温后取出瓷坩埚得催化剂成品，备用。

5. 性能测试

① 利用扫描电镜测定成型后 HY 型沸石催化剂的外观形状和尺寸。

② 测定 HY 型沸石催化剂阳离子交换容量。

称取在 120 ℃下烘干 6 h 的 HY 型沸石 0.5 g（误差控制在 0.0002 g 范围内）并全部转入 250 mL 锥形瓶中。加入 1 mol / L 的醋酸铵溶液 20～50 mL，在振荡器上振荡一段时间（10～50 min）后，取下并将 HY 型沸石全部转入离心试管，在离心机上于 3000 r/min 转速下离心 3～5 min，离心后弃去上清液。用 95％的乙醇溶液洗涤 HY 型沸石，离心后弃去上层乙醇溶液，如此反复 5～6 次，直至最后一次乙醇溶液中用纳氏试剂检查无铵离子为止。用蒸馏水将离心管中的 HY 型沸石全部洗入 150 mL 凯氏瓶中，洗入水体积控制在 60～80 mL，加入 0.5 g 固体氧化镁后进行蒸馏。将 25 mL 浓度为 20 g/L 的硼酸溶液放入 250 mL 锥形瓶中，将锥形瓶放置在定氮蒸馏装置冷凝管的下端用来吸收蒸馏出来的氨。蒸馏约 20 min、馏出液约达 80 mL 时，用纳氏试剂检查是否蒸馏完全。蒸馏完全时将锥形瓶中的硼酸吸收液全部转移到 250 mL 容量瓶中，并定容至刻度线。分别取容量瓶中的溶液 0 mL、0.5 mL、1 mL、2 mL 于 50 mL 比色管中，加蒸馏水至刻度线，各比色管中分别加入 1 mL 酒石酸钾钠溶液和 1 mL 纳氏试剂摇匀，静置 10 min后，用分光光度计测量各比色管中溶液的吸光度。根据溶液吸光度计算出溶液中氨氮浓度，然后根据溶液中氨氮的浓度平均值计算 HY 型沸石阳离子交换容量。根据下列公式计算 HY 型沸石的阳离子交换容量（CEC，mmol/100 g）：

$$CEC=\frac{cV}{nm}\times 100$$

式中　c——硼酸吸收液中氨氮的浓度，mg/ mL；

V——硼酸吸收液定容后体积，mL；

n——水的摩尔质量，18 mg/mmol；

m——称取 HY 型沸石样品的质量，g。

五、注意事项

离子交换后的沸石为粉末状，需要加入一定量的黏合剂，塑成合适的形状。

六、注释

离子交换法制备 HY 型沸石催化剂实验装置如图 2-6 所示。

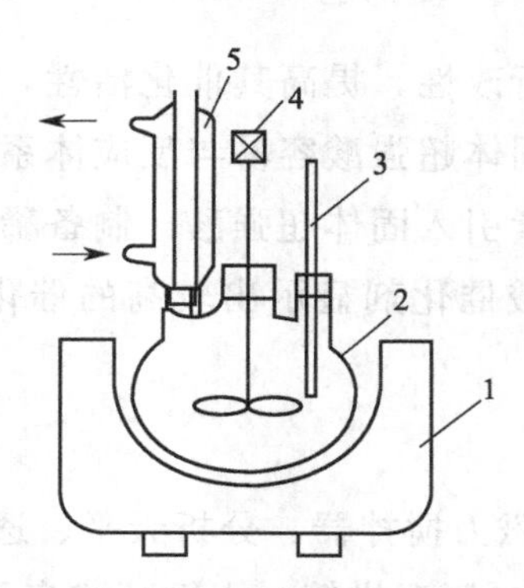

图 2-6　离子交换法制备 HY 型沸石催化剂实验装置示意图

1—加热装置；2—三口烧瓶；3—温度计；4—搅拌器；5—回流冷凝管

七、思考题

1. 沸石催化剂的酸性是如何产生的？

2. 离子交换的次数和交换时间等因素对钠的交换率有何影响？为了提高离子交换率可采用哪些措施？

3. 如何测定和计算沸石的阳离子交换容量？

实验 9　纳米稀土复合固体超强酸 SO_4^{2-}/ZrO_2-2% Nd_2O_3 催化剂的制备

一、实验目的

1. 掌握共沉淀法制备固体超强酸 SO_4^{2-}/ZrO_2-2% Nd_2O_3 催化剂的原理和方法。

2. 了解催化剂的表征方法。

二、实验原理

超强酸是比 100% 的 H_2SO_4 还强的酸，其哈米特（Hammett）酸度函数 $H_0<-11.93$。许多重要的工业催化反应都属于酸催化反应，而固体酸和液体酸相比，具有

活性和选择性高、无腐蚀性、无污染以及与催化反应产物易分离等特点，被广泛地用于石油炼制和有机合成工业。

目前，固体超强酸主要有锆系（SO_4^{2-}/ZrO_2）、钛系（SO_4^{2-}/TiO_2）、铁系（SO_4^{2-}/Fe_3O_4）。此外，还有以金属氧化物为促进剂的超强酸，如 WO_3/Fe_2O_3、WO_3/SnO_2、WO_3/TiO_2、MoO_3/ZrO_2 和 B_2O_3/ZrO_2 等。

固体超强酸的制备方法通常为沉淀浸渍法，改进的方法有溶胶-凝胶法和超临界流体干燥法等。沉淀浸渍法常选择可溶性金属盐通过沉淀或共沉淀得到金属氢氧化物，通过焙烧得到氧化物，而后用适当浓度的硫酸或硫酸铵溶液浸泡，再经焙烧得到固体超强酸。溶胶-凝胶法则是将金属的醇化合物、有机溶剂（如醇类）、无机酸和水的混合物形成凝胶，在室温下老化数小时，再用二氧化碳超临界干燥法脱醇，最后在适当温度下焙烧即可。

近年来，对固体超强酸进行改性，提高其催化活性，成为研究热点。首先是纳米技术引入固体超强酸领域，结合固体超强酸容易与反应体系分离的特点，研制纳米量级的固体超强酸；其次是将稀土元素引入固体超强酸，制备稀土改性固体超强酸催化剂，研究表明含稀土元素的固体超强酸催化剂显示出较高的催化活性，并具有较好的稳定性，催化剂可重复使用。

三、实验仪器及试剂

1. 仪器：集热式恒温加热磁力搅拌器、分析天平、透射电子显微镜、比表面积测定仪、显微熔点测定仪（控温型）、恒温烘箱、水循环式多用真空泵、布氏漏斗、吸滤瓶、红外干燥箱、马弗炉、干燥器、球磨机。

2. 试剂：硫酸铵、氧氯化锆、三氧化二钕、浓氨水、硫酸、乙醇、2,4-二硝基甲苯、2,4-二硝基氟苯、去离子水。

四、实验步骤

1. 制备　用 2.0 mol/L 稀 H_2SO_4 溶液将 0.21 g Nd_2O_3 刚好溶解，再加入 26.01 g $ZrOCl_2 \cdot 8H_2O$，并加水充分溶解。在搅拌下缓慢滴入 28 mol/L 氨水，直至溶液 pH 达到 9.0～10.0 之间，再搅拌 10 min 左右，静置陈化 12 h，抽滤，所得沉淀依次用去离子水、乙醇充分洗涤，然后在 105～110 ℃ 烘箱中干燥 12 h。沉淀磨细后，从中称取 10 g，用 150 mL 1.0 mol/L 的 $(NH_4)_2SO_4$ 溶液浸泡 12 h，抽滤，红外灯下干燥、研磨成粉体，最后在马弗炉中于 600 ℃ 焙烧 3 h，即得纳米稀土复合固体超强酸 SO_4^{2-}/ZrO_2-2% Nd_2O_3 催化剂，产物放入干燥器中备用[注释1]。

2. 表征

(1) 催化剂的粒径分析　采用透射电子显微镜测定纳米稀土复合超强酸催化剂的粒径大小。

(2) 比表面积分析　用比表面积测定仪测定催化剂的比表面积。

(3) 催化剂酸强度分析　采用 Hammett 酸指示剂 2,4-二硝基甲苯（$H_0=-13.75$）、

2,4-二硝基氟苯（H_0＝－14.52）的变色反应方法测定催化剂的酸强度[注释2]。

五、注意事项

1. 纳米稀土复合固体超强酸 SO_4^{2-}/ZrO_2-2% Nd_2O_3 催化剂外观为分散性良好的细小颗粒，粒径很小，直径约为 15 nm，比表面积很大，124 m^2/g 以上，属于纳米粒子的范围。

2. 固体酸的酸强度可以用 Hammett 函数 H_0 表示。固体酸表面酸强度的函数 H_0 值与指示剂的 pK_a 值相等。若指示剂在固体酸表面显酸型颜色，则固体酸表面酸强度的函数 H_0 等于或小于该指示剂的 pK_a 值。H_0 越小，则该固体酸强度越大。已知100%硫酸的 H_0 为－11.93，当固体酸的 H_0 小于－11.93 时，该固体酸就称为固体超强酸。

六、注释

1. 纳米稀土复合固体超强酸 SO_4^{2-}/ZrO_2-2% Nd_2O_3 催化剂可以用于对羟基苯甲酸和正丁醇的酯化反应，其工艺条件为：采用过量的正丁醇作共沸带水剂，回流反应时间为 3 h，催化剂用量为对羟基苯甲酸质量的 3.5%，正丁醇与对羟基苯甲酸的物质的量比为 3.0：1.0，在此条件下酯化率可达 97.5%。

2. 纳米稀土复合固体超强酸 SO_4^{2-}/ZrO_2-2% Nd_2O_3 催化剂酸强度用 Hammett 指示剂 2,4-二硝基甲苯和 2,4-二硝基氟苯的变色反应测定，纳米稀土复合固体超强酸 SO_4^{2-}/ZrO_2-2% Nd_2O_3 催化剂既能使 2,4-二硝基甲苯指示剂显著变色，也能使 2,4-二硝基氟苯变色明显。而 100%硫酸强度为 H_0＝－11.93，本实验使用的自制催化剂具有很强的酸性，达到了超强酸的级别。

七、思考题

1. 简述共沉淀法制备固体超强酸 SO_4^{2-}/ZrO_2-2% Nd_2O_3 催化剂的原理。

2. 固体酸表面的酸性是如何测定的？

2.5 油品添加剂

油品添加剂是指加入油品中能显著改善油品原有性能或赋予油品某些新的品质的某些化学物质。按应用，油品添加剂分为润滑剂添加剂、燃料添加剂、复合添加剂等；按作用，油品添加剂分为清净剂、分散剂、抗氧抗腐剂、极压剂、抗磨剂、油性剂、摩擦改进剂、抗氧化剂、金属钝化剂、黏度指数改进剂、防锈剂等。各类油品添加剂简介如下。

(1) 清净剂

清净剂是加到燃料或润滑剂中能使发动机部件得到清洗并保持发动机部件干净

的化学品。在发动机油配方中，清净剂大多是用碱性金属皂来中和氧化或燃烧中生成的酸。

(2) 分散剂

分散剂是能使固体污染物以胶体状态悬浮于油中的化学品，防止油泥、涂膜和淤渣等物质沉积在发动机部件上。

(3) 抗氧抗腐剂

抗氧抗腐剂是能抑制油品氧化及保护润滑表面不受水或其他污染物的化学侵蚀的化学品。

(4) 极压剂

极压剂是在极压条件下防止滑动的金属表面烧结和擦伤的化学品。

(5) 抗磨剂

抗磨剂能在较高负荷的部件上生成薄的韧性很强的膜来防止金属与金属接触的化学品。

(6) 油性剂

油性剂是在边界润滑条件下起增强润滑油的润滑性和防止磨损及擦伤的化学品。油性剂通常是动植物油或在烃链末端有极性基团的化合物，这些化合物对金属有很强的亲和力，其作用是通过极性基团吸附在摩擦面上，形成分子定向吸附膜，阻止金属相互间的接触，从而减少摩擦和磨损。

(7) 摩擦改进剂

摩擦改进剂是能降低两个接触的金属表面之间的摩擦系数的化学品。摩擦改进剂一般不与金属反应，而是吸附在金属表面上。吸附膜能降低油/金属界面的摩擦热，便于提高一定条件下的效率。

(8) 抗氧化剂

抗氧化剂是能提高油品的抗氧化性能和延长其使用或储存寿命的化学品。抗氧化剂也称氧化抑制剂。

(9) 金属钝化剂

金属钝化剂是能使金属钝化失去催化活性的化学品，也称油品金属减活剂或金属钝化剂，又称抗催化剂添加剂。

(10) 黏度指数改进剂

黏度指数改进剂是能增加油品的黏度和提高油品的黏度指数，改善润滑油的黏温性能的化学品。

(11) 防锈剂

防锈剂是在金属表面形成一层薄膜，防止金属锈蚀的化学品。

油品添加剂目前已成为精细化学工业的一个重要分支。许多不同类型的有机化合物，被广泛地用作添加剂，以改善和提高燃料和润滑油的性能，满足机械工业和交通运输方面日益发展的需要。使用添加剂不仅可以弥补油品加工工艺的不足，同时更能起到仅靠改变加工手段所不能取得的效果，从而对燃料和润滑油的品种发展与性能提高起到决定性的作用。

实验10　润滑油添加剂——纳米 TiO_2 的制备

一、实验目的

1. 掌握用于润滑油的纳米 TiO_2 制备原理和方法。

2. 了解润滑油添加剂性能测试方法。

二、实验原理

纳米 TiO_2 作为润滑油添加剂除具有低摩擦性、抗磨性和对表面材料的修复功能等特性外，还可对金属表面具有很好的防锈作用，因而受到广泛关注。但是由于纳米粒子的小尺寸效应、表面效应，纳米 TiO_2 表面存在大量的羟基，具有较大的比表面积和较高的表面能，因而极易团聚，在润滑油中难以均匀分散，且稳定性极差。为了有效控制纳米 TiO_2 粒子的粒径，提高其在润滑油中的分散稳定性，必须对纳米粒子表面进行有机修饰。硅烷偶联剂是一类分子中同时具有 2 种不同化学性质官能团的有机硅化合物，是纳米粒子表面改性的理想材料。

本实验利用液相沉积法制备了十二烷基三甲氧基硅烷（DTMS）修饰纳米 TiO_2 粒子，并对其作为润滑油添加剂进行了性能测试。

三、实验仪器及试剂

1. 仪器：量筒、三口烧瓶、恒温水浴锅、搅拌器、离心试管、离心机、恒温干燥箱、电子天平、超声分散仪。

2. 试剂：十二烷基三甲氧基硅烷（DTMS）、钛酸丁酯、乙醇、去离子水、甲醇、45 号变压器油。

四、实验步骤

1. 纳米 TiO_2 的制备　量取 100 mL 无水乙醇和 20 mL 钛酸丁酯倒入三口烧瓶，置于恒温水浴（40 ℃）中[注释1]，经 30 min 搅拌均匀后，同时缓慢滴加适量水和硅烷偶联剂——十二烷基三甲氧基硅烷[注释2]，保证水解反应和表面修饰同步进行。反应一定时间（12 h）后[注释3]，将溶液进行离心分离，沉淀物分别用去离子水、乙醇各清洗 3 次，以清除反应副产物以及过量的硅烷偶联剂，所得沉淀放入恒温干燥箱（温度为 50 ℃）烘干，得到 DTMS 表面修饰的纳米 TiO_2 粒子。

2. 亲油化度测试　亲油化度的大小作为评价修饰效果的标准，说明粒子在有机介质中分散程度的好坏。将 1 g 表面修饰的纳米 TiO_2 分散到 50 mL 去离子水中，然后逐滴加入甲醇。当漂浮于水面上的粉体完全润湿时，记录甲醇的加入体积（V），则：

$$亲油化度=[V/(50+V)]\times 100\%$$

3. 分散稳定性测试　分散稳定性测试采用 KAIDA-TJl8J 型离心机，实验转速为 4000 r/min。称取 DTMS 修饰的纳米 TiO_2 粒子，超声分散于 45 号变压器油中，配制质量分数为 10%的油样。用 10 mL 离心试管（带刻度）装填 10 mL 该油样，进行离心分离，记录离心分离出现明显沉淀的时间和清液层体积分数。分析 DTMS 修饰的纳米 TiO_2 粒子在 45 号变压器油的分散稳定性。

五、注意事项

未经 DTMS 表面修饰的纳米 TiO_2 粒子团聚严重。这主要是因为纳米 TiO_2 粒子表面存在有大量的羟基，这些羟基彼此之间可以形成缔合的羟基，造成粒子之间出现接枝团聚现象。而经过 DTMS 表面修饰后，粒子直径保持在 50nm 左右，外形呈球状，粒径分布比较均匀，并且外层存在一层半透明的修饰膜，正是这层 DTMS 薄膜有效控制了粒径的过度增长，避免了粒子间的团聚。

六、注释

1. 适当的温度可以为体系提供一个良好的反应环境，促进偶联剂中的烷氧基与纳米 TiO_2 表面的羟基很好地结合，使反应得以顺利进行。当 DTMS 原位修饰反应温度低于 40 ℃时，纳米 TiO_2 的改性不完全，在产物中有大量的硅醇以及表面带有羟基的纳米 TiO_2 存在。修饰温度超过 40 ℃后，硅醇之间相互缩合加剧，会引起粒子间的絮凝，导致所得到的纳米粒子亲油化度下降。

2. 最佳修饰剂用量为 $n_{DTMS}:n_{TiO_2}=2:1$，此时纳米粒子的亲油化程度较高。

3. 修饰时间要确保 12 h 反应时间。这是因为在钛酸丁酯水解反应初期，由于纳米 TiO_2 的表面物理吸附作用和修饰剂 DTMS 与粒子表面的—OH 的化学作用，形成 Si—O 化学键结构，比较牢固地包覆在纳米粒子表面，粒子表面羟基不断减少，从而使亲油化度快速增大。

七、思考题

1. 为什么经 DTMS 修饰后，TiO_2 纳米粒子亲油性增加？

2. 试说明钛酸丁酯水解制备 TiO_2 原理。

实验 11　清洁型燃料甲醇汽油微乳液的制备

一、实验目的

1. 掌握燃料甲醇汽油微乳液的制备原理及方法。

2. 了解燃料甲醇汽油微乳液稳定性的测定方法。

二、实验原理

20 世纪 80 年代，研究发现醇燃料不仅可替代石油，而且使用醇燃料的汽车尾气常规排放比汽油车和柴油车都更低，对环境更有利。目前，许多国家都在积极研究和推广甲醇汽油，它不仅能节约石油资源，而且清洁环保，具有良好的经济和社会效益。甲醇汽油作为一种低碳能源，可以替代普通汽油用于汽油内燃机机车使用的车用燃料。它利用工业甲醇或燃料甲醇，加变性醇添加剂，与现有国标汽油按照一定体积调配制成。甲醇汽油具有替代性好、动力强、污染少等优点，能有效降低汽车尾气排放有害气体总量的 50%以上，有利于保护大气环境，在全球能源危机和环境污染的背景下具有良好发展前景。

本实验通过选择合适的乳化剂，采用复配技术，制备性质稳定的 M50 甲醇汽油微乳燃料，并考察了影响其稳定性能的诸多因素。

三、实验仪器及试剂

1. 仪器：移液管、量筒、比色管、恒温水浴锅。

2. 试剂：甲醇、汽油、乳化剂、Tween-80、Span-80、正丁醇。

四、实验步骤

1. 微乳液的制备　在室温下，用移液管量取等量（各 10 mL）的甲醇和汽油放于比色管中，将复合添加剂[注释]逐滴加入，使溶液变澄清，静置约 20 min，如仍澄清透明，即获得甲醇汽油微乳液。

2. 稳定性的测定　室温下分别取等量汽油和甲醇（各 10 mL），加入复合添加剂，静置观察是否澄清；随后放水浴中加热，观察其变化；最后降温观察，若微乳液变浑浊，再加入复合添加剂至乳液透明，记录复合添加剂的用量，从而判断体系的稳定性和维持稳定所需要的技术指标。

五、注意事项

亲水亲油平衡值（HLB 值）是用来表示表面活性剂亲水或亲油能力大小的值。

HLB＝亲水基的亲水性/亲油基的亲油性

HLB 在实际应用中有重要参考价值。亲油性表面活性剂 HLB 较低，亲水性表面活性剂 HLB 较高。亲水亲油转折点 HLB 为 10。HLB 小于 10 为亲油性，大于 10 为亲水性。

非离子表面活性剂的 HLB 值可利用一些经验公式计算得出，例如 $HLB=7+11.7\lg M_W/M_O$，式中，M_W 和 M_O 分别为表面活性剂分子中亲水基团和亲油基团的分子量。

非离子表面活性剂的 HLB 值具有加和性，因而可以利用下式来计算两种或两种以上表面活性剂混合后的 HLB 值：

$$HLB_{AB}=\frac{HLB_A W_A+HLB_B W_B}{W_A+W_B}$$

式中，W_A 和 W_B 分别表示表面活性剂 A 和 B 的量；HLB_A 和 HLB_B 则分别是 A 和

B 的 HLB 值；HLB_{AB}为混合后的表面活性剂的 HLB 值。

六、注释

复合添加剂的配制：首先配制复配表面活性剂，复配表面活性剂总体积占拟配制的甲醇汽油体积的 1.5%，经实验证明复配表面活性剂的 HLB 值为 3.4～4.0 时，乳化效果最好，本实验是利用 Tween-80（HLB 值为 15）、Span-80（HLB 值为 4.3），配制 HLB 值为 3.4～4.0 的复配表面活性剂（提示：利用复配表面活性剂 HLB 值的计算公式，调节两种表面活性剂在复配表面活性剂中的比例，使复配表面活性剂的 HLB 值为 3.4～4.0）；其次按 20 mL 甲醇汽油移取 0.3 mL 助溶剂正丁醇的比例，移取正丁醇；最后，将复配表面活性剂溶于助溶剂中，该混合液即为复合添加剂。

七、思考题

1. 什么是 HLB 值？利用 Tween-80、Span-80 和油酸三种乳化剂，如何配置 HLB 值为 3.4～4.0 的复配乳化剂？

2. 简述甲醇汽油的优点。

2.6 原料药的合成

原料药指用于生产各类制剂的原料药物，是制剂中的有效成分，是由化学合成、植物提取或者生物技术所制备的各种用来作为药用的粉末、结晶、浸膏等，是病人无法直接服用的物质。原料药只有加工成为药物制剂，才能成为可供临床应用的医药。

原料药根据它的来源分为化学合成药和天然化学药两大类。

化学合成药又可分为无机合成药和有机合成药，无机合成药为无机化合物（极个别为元素），如用于治疗胃及十二指肠溃疡的氢氧化铝、三硅酸镁等。有机合成药主要是由基本有机化工原料，经一系列有机化学反应而制得的药物（如阿司匹林、氯霉素、咖啡因等），原料药中，有机合成药的品种、产量及产值所占比例最大，是化学制药工业的主要支柱。

天然化学药按其来源，也可分为生物化学药与植物化学药两大类。抗生素一般系由微生物发酵制得，属于生物化学药范畴。近年出现的多种半合成抗生素，则是生物合成和化学合成相结合的产品。

原料药质量好坏决定制剂质量的好坏，因此其质量标准要求很严，世界各国对于其广泛应用的原料药都制定了严格的国家药典标准和质量控制方法。

据不完全统计，在“十三五”期间，我国拥有药品原料药生产资质的企业达 2400 家以上，企业的地域分布显示，原料药企业分布最多的为江苏和浙江，拥有 300 家以上企业，其次为山东、四川和湖北等。

目前在浙江的临海已建立国家级浙江省化学原料药基地，是国内化学原料药和医药中间体产业最早和最大的集聚区。另外，随着环保压力的增大，近百家北京药企“扎堆”渤海湾，中国北方原料药基地已显雏形。

如今我国不仅是世界上大型原料药生产国和原料药出口国，而且产业集中度较为明显。2017 年药素网发布的《原料药品种及市场分析报告》显示，原料药及相关中间体的生产商主要集中在传统上化学工业发达的地区，以浙江、山东及河北为代表。

在 2017 年原料药出口企业前五十榜单中，优势企业的地域聚集性依然明显，例如浙江的华海药业、普洛药业，河北的石药集团，山东的新华制药、新发药业等，都居不错位次。而从全球范围看，我国原料药企业亦有不俗表现。据美国 Transparent 医药网站报道，2016 年全球原料药市场排名前十位的制药公司，我国药企占了 6 席。其中，浙江省药企占了世界十大原料药生产商中的 4 席。

据国家发展和改革委员会价格司与国家市场监督管理总局价格监督检查和反不正当竞争局统计，我国能生产的原料药多达 1500 多种，总产量达百万吨，出口量达 60%以上，已然成为仅次于美国的世界第二大原料药生产国家和最大的原料药出口国家。从产品结构来看，这些企业的品种主要集中在维生素类、解热镇痛类、抗生素类以及皮质激素类。青霉素工业盐和维生素 C，二者为我国化学原料药的两大战略品种。

实验 12 阿司匹林 (Aspirin)的制备

一、实验目的

1. 掌握酯化反应和重结晶的原理及基本操作。
2. 熟悉搅拌机的安装及使用方法。
3. 熟悉阿司匹林的药用价值。

二、实验原理

阿司匹林（Aspirin）又称为乙酰水杨酸，是一种历史悠久的解热镇痛药，诞生于 1899 年 3 月 6 日。可用于治疗伤风、感冒、头痛、发热、神经痛、关节痛及风湿病等。近年来，又证明它具有抑制血小板凝聚的作用，其治疗范围又进一步扩大到预防血栓的形成，治疗心血管疾病。阿司匹林化学名为 2-乙酰氧基苯甲酸，化学结构式如下：

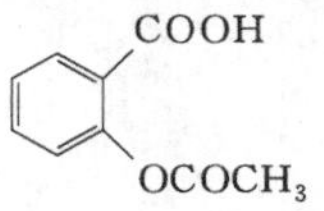

COOH

$OCOCH_3$

阿司匹林为白色针状或板状结晶；熔点 135～140 ℃；易溶于乙醇，可溶于氯仿、乙醚，微溶于水；无气味，或微带酸味。

合成路线：

$$\text{(水杨酸)} + (CH_3CO)_2O \xrightarrow{H_2SO_4} \text{(乙酰水杨酸)} + CH_3COOH$$

（反应式：邻羟基苯甲酸（OH，COOH）+ $(CH_3CO)_2O$ $\xrightarrow{H_2SO_4}$ 邻乙酰氧基苯甲酸（$OCOCH_3$，COOH）+ CH_3COOH）

三、实验仪器及试剂

1. 仪器：核磁共振仪、红外光谱仪、高分辨质谱仪、熔点仪、真空干燥箱、天平、磁力搅拌器、三口烧瓶、圆底烧瓶、温度计、球形冷凝器、烧杯、布氏漏斗、油浴锅、水浴锅、滴管、橡皮管、药勺。

2. 试剂：水杨酸、乙酸酐、浓硫酸、乙醇、阿司匹林、活性炭、蒸馏水、冰醋酸、硫酸铁铵溶液、盐酸。

四、实验步骤

1. 酯化　在装有搅拌棒及球形冷凝器的 100 mL 三口烧瓶中，依次加入水杨酸 10g，乙酸酐[注释1] 14 mL，浓硫酸 5 滴。开动磁力搅拌器，油浴加热，升温至 70 ℃后持续搅拌 30 min。停止搅拌，稍冷，将反应液缓慢倒入 150 mL 冷水中，持续搅拌至阿司匹林全部析出。抽滤，用少量稀乙醇洗涤，烘干，得粗品。

2. 精制　将所得粗品置于附有球形冷凝器的 100 mL 圆底烧瓶中，加入 30 mL 乙醇，于水浴上加热至阿司匹林全部溶解，稍冷，加入活性炭回流脱色 10 min，趁热抽滤。将滤液慢慢倒入 75 mL 热水中，自然冷却至室温，析出白色结晶。待结晶析出完全后，抽滤，用少量稀乙醇洗涤，压干，真空干燥[注释2]，测熔点[注释3]，计算收率。

3. 水杨酸限量检查　取阿司匹林 0.1 g，加 1 mL 乙醇溶解后，加一定量的蒸馏水，制成 50 mL 溶液。立即加入 1 mL 新制备的稀硫酸铁铵溶液，摇匀；30 s 内显色，与对照组比较不得更深（0.1%）。

对照液的制备：精密称取水杨酸 0.1 g，加入少量水溶液后，加入 1 mL 冰醋酸，摇匀；加适量蒸馏水，制成 1000 mL 溶液，摇匀。精密吸取 1 mL，加入 1 mL 乙醇，48 mL 水，及 1 mL 新配制的稀硫酸铁铵溶液，摇匀。

稀硫酸铁铵溶液的制备：取盐酸（1 mol/L）1 mL，硫酸铁铵溶液 2 mL，加冷水适量，制成 1000 mL 溶液，摇匀即可使用。

4. 结构表征

① ^{1}H-NMR、^{13}C-NMR 表征。

② 红外吸收光谱测定。

③ 高分辨质谱分析。

五、注意事项

浓硫酸具有脱水性、强氧化性和强腐蚀性，使用时要特别注意安全，如果浓硫酸滴在皮肤上，需先用干抹布轻轻擦去，再进行冲洗，绝对不能用碱去中和，避免放热烧伤。

六、注释

1. 乙酸酐应是新蒸馏的，收集 139～140 ℃馏分。

2. 真空干燥时，干燥室温度最好不要超过 60 ℃。

3. 阿司匹林易受热分解，因此熔点不很明显，其分解温度为 128～135 ℃。测定熔点时，应先将载体加热至 120 ℃左右，然后放于样品管进行测定。

七、思考题

1. 向反应液中加入少量浓硫酸的目的是什么？是否可以不加？为什么？

2. 本反应可能发生哪些副反应？产生哪些副产物？

3. 阿司匹林精制选择溶剂依据什么原理？为何滤液要自然冷却？

实验 13　巴比妥 (Barbital)的制备

一、实验目的

1. 通过巴比妥的合成熟悉巴比妥类药物合成的基本过程。

2. 掌握无水操作技术。

3. 复习回流、蒸馏、重结晶等药物合成中的基本操作。

二、实验原理

巴比妥类药物是一类主要作用于中枢神经系统的镇静药，在结构上属于巴比妥酸的衍生物，巴比妥类药物的应用范围较广，可以从轻度镇静直到完全麻醉，也可以用作抗焦虑药、安眠药和抗痉挛药等，但长期服用会有成瘾性。巴比妥化学名为 5,5-二乙基巴比妥酸，化学结构为：

(结构式：C_2H_5、C_2H_5 连于同一碳，两侧 C=O 与 NH，中间 C=O)

巴比妥是白色结晶或结晶性粉末，无臭，味微苦，熔点 189～192 ℃。其在空气中较为稳定，一般是微溶或极微溶于水，易溶于乙醇和乙醚，在氯仿中能溶解。其钠盐易溶于水但难溶于氯仿、乙醇和乙醚等有机溶剂。

合成路线：

$$H_2C(COOC_2H_5)_2 + C_2H_5Br \xrightarrow{C_2H_5ONa} C_2H_5-C(C_2H_5)(COOC_2H_5)-COOC_2H_5$$

$$\xrightarrow[C_2H_5ONa]{NH_2CONH_2} \text{(5,5-二乙基-2-ONa-嘧啶二酮钠盐)} \xrightarrow{HCl} \text{(5,5-二乙基巴比妥酸)}$$

三、实验仪器及试剂

1. 仪器：核磁共振仪、红外光谱仪、高分辨质谱仪、熔点仪、真空干燥箱、天平、旋转蒸发仪、循环水泵、磁力搅拌器、三口烧瓶、干燥试管、镊子、圆底烧瓶、温度计、球形冷凝器、烧杯、布氏漏斗、分液漏斗、滴液漏斗、锥形瓶、水浴锅、油浴锅、沙浴锅、药勺。

2. 试剂：乙醇、钠、邻苯甲酸二乙酯、无水硫酸铜、丙二酸二乙酯、溴乙烷、乙醚、活性炭、尿素、盐酸、沸石、无水硫酸铜。

四、实验步骤

1. 绝对乙醇的制备　取 250 mL 圆底烧瓶，装上球形冷凝器，顶端加上装有氯化钙的干燥管，向圆底烧瓶中加入无水乙醇[注释1] 160 mL，加入金属钠 1 g[注释2]，加 4～5 粒沸石，在水浴锅中加热回流 30 min，然后加入邻苯二甲酸二乙酯 3 mL[注释3]，继续回流 10 min。然后将回流装置改成为蒸馏装置，去除前馏分，改用干燥的圆底烧瓶作接收器，蒸馏到几乎没有液滴流出为止，测量产物体积，计算回收率，密封储存。

检验乙醇中是否还有水分的常用方法是：取 10 mL 干燥试管一支，加入制得的绝对乙醇 1 mL，随后加入 3～5g 无水硫酸铜粉末。如果乙醇中有水，则无水硫酸铜将变成蓝色的硫酸铜。

2. 二乙基丙二酸二乙酯的制备　取 250 mL 的三口烧瓶，装上搅拌器、滴液漏斗与球形冷凝器，顶端加上装有氯化钙的干燥管，加入制备好的绝对乙醇 37.5 mL，分三次加入金属钠 1 g，等反应变得缓慢时，开始搅拌，采用 90 ℃油浴进行加热，待金属钠消失以后，用滴液漏斗向三口烧瓶中加入丙二酸二乙酯 9 mL，要在 10～15 min 内滴完，然后加热回流 15 min，室温下冷却，当油浴的温度降低到 50 ℃以下时，向瓶中缓慢滴加溴乙烷 10 mL[注释4]，需在 15 min 左右完成，然后继续回流 2～2.5h。再将回流装置改成蒸馏装置，蒸出乙醇，不要完全蒸干，室温下放冷，残渣用 40～45 mL 的水溶解，转移至分液漏斗中，分取酯层，水层以乙醚提取 3 次（每次用量 20 mL），合并酯与醚提取液，再用 20 mL 水洗涤一次，醚液倒入 125 mL 锥形瓶内，加无水硫酸钠 5g，放置备用。

3. 二乙基丙二酸二乙酯的蒸馏　将上一步制得的二乙基丙二酸二乙酯乙醚溶液过滤，滤液蒸去乙醚。瓶内剩余液用装有空气冷凝管的蒸馏装置于沙浴[注释5] 蒸馏，收集 218～222 ℃馏分（用预先称量好的 50 mL 锥形瓶接收），称量，计算收率，密封储存。

4. 巴比妥的制备　取 250 mL 三口烧瓶，装上搅拌器、球形冷凝器与 100 ℃温度计，冷凝器的顶端装上带有氯化钙的干燥管。向三口烧瓶中加入绝对乙醇 25 mL，然后分两次加入金属钠 1.3 g，等反应变得缓慢时，开始进行搅拌。等金属钠消失后，再加入二乙基丙二酸二乙酯 5 g，然后加入尿素 2.2 g[注释6]，加样完成后水浴加热，使瓶内温度上升至 80～82 ℃，停止搅拌，继续保温反应 80 min（反应正常时，停止搅拌 5～10 min 后，料液中有小气泡逸出，并逐渐呈微沸状态，有时较剧烈）。反应完毕，将回流装置改为蒸馏装置。在搅拌下慢慢蒸去乙醇[注释7]，残渣用 80 mL 水溶解，倒入盛有 18 mL 稀盐酸（盐酸：水＝1：1）的 250 mL 烧杯中，调 pH 至 3～4 之间，析出结晶，抽滤，得粗品。

5. 精制　称量粗品，置于 150 mL 锥形瓶中，用水（每克粗品用水 16 mL）加热使溶解，加入活性炭少许，脱色 15 min 趁热抽滤，滤液冷至室温，析出白色结晶，抽滤，水洗，烘干，测熔点，计算收率。

6. 结构表征

① ^{1}H-NMR、^{13}C-NMR 表征。

② 红外吸收光谱测定、标准物 TLC 对照。

③ 高分辨质谱分析。

五、注意事项

本实验使用仪器均需彻底干燥。由于无水乙醇有很强的吸水性，故操作及存放时，必须防止水分侵入。

六、注释

1. 制备绝对乙醇所用的无水乙醇，水分不能超过 0.5%，否则反应难以进行。

2. 取用金属钠时需用镊子，先用滤纸吸去黏附的油后，用小刀切去表面的氧化层，再切成小条。切下来的钠屑应放回原瓶中，切勿与滤纸一起投入废物缸内，并严禁金属钠与水接触，以免引起燃烧爆炸事故。

3. 加入邻苯二甲酸二乙酯的目的是利用它和氢氧化钠进行酯的水解反应，生成邻苯二甲酸和乙醇，从而避免了乙醇钠再和水反应，可以使制得的乙醇达到极高的纯度。

4. 内温降到 50 ℃，再慢慢滴加溴乙烷，以避免溴乙烷的挥发及生成乙醚的副反应。

$$C_2H_5ONa + C_2H_5Br \longrightarrow C_2H_5OC_2H_5 + NaBr$$

5. 沙浴传热慢，因此沙要铺薄，也可用减压蒸馏的方法。

6. 尿素需在 60 ℃干燥 4 h 或以上。

7. 蒸乙醇不宜快，至少要用 80 min，反应才能顺利进行。当常压下不易蒸出时，可进行减压蒸馏，直至蒸尽。

七、思考题

1. 制备无水乙醇需要注意什么问题？为什么加热回流和蒸馏时冷凝管的顶端和接收器支管上要装氯化钙干燥管？

2. 工业上如何制备无水乙醇（99.5%）？

3. 酯化反应为何需要无水操作？

4. 对于液体产物，通常如何精制？本实验用水洗涤提取液的目的是什么？

实验 14 苯妥英钠 (Phenytoin Sodium) 的制备

一、实验目的

1. 掌握安息香缩合反应的原理。
2. 掌握氰化钠及维生素 B_1 为催化剂进行反应的实验方法*。
3. 熟悉剧毒氰化钠的使用规则*。
4. 了解苯妥英钠的药用价值。

二、实验原理

苯妥英钠为抗癫痫药，用于治疗癫痫大发作，也可用于治疗三叉神经痛及某些类型的心律不齐。苯妥英钠化学名为 5,5-二苯基乙内酰脲钠盐，分子式为 $C_{15}H_{11}O_2N_2Na$，分子量为 274.1，化学结构式为：

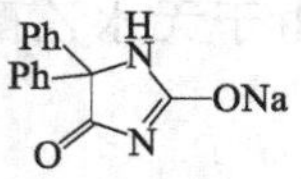

Ph H
Ph N
ONa
O N

苯妥英钠为白色粉末，无臭，味苦，微有引湿性，在空气中缓慢吸收二氧化碳，分解成苯妥英。水溶液呈碱性反应，常因部分水解而发生浑浊；在水中易溶，在乙醇中溶解，在氯仿或乙醚中几乎不溶。

合成路线：

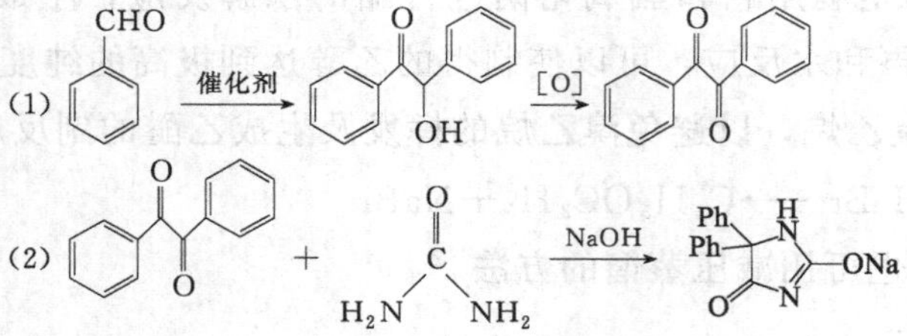

(1) CHO 催化剂 O OH [O] O O

(2) O O + O C H_2N NH_2 NaOH Ph H Ph N ONa O N

三、实验仪器及试剂

1. 仪器：核磁共振仪、红外光谱仪、高分辨质谱仪、真空干燥箱、天平、旋转蒸发仪、循环水泵、磁力搅拌器、三口烧瓶、干燥管、圆底烧瓶、温度计、球形冷凝器、烧杯、布氏漏斗、锥形瓶、水浴锅、油浴锅、药勺。

2. 试剂：苯甲醛、维生素 B_1、氯化钠、乙醇（95%）、硝酸（65%）、氰化钠*、尿素、盐酸、氢氧化钠、活性炭。

四、实验步骤

1. 安息香的制备

① A法　在装有搅拌装置、温度计、球形冷凝器的100 mL三口烧瓶中，依次加入新制的苯甲醛6 mL 95%，乙醇10 mL。用20%氢氧化钠溶液调至pH=8，特别小心地缓慢加入氰化钠* 0.15 g（人类服用氰化钠*的平均致死量为0.15 g），搅拌反应，在水浴上加热回流1.5h。反应结束后冷却至室温，析出结晶，抽滤，用少量水洗，真空干燥，得安息香粗品。

② B法　于100 mL锥形瓶内依次加入维生素B_1 1.4 g，水5 mL和95%乙醇10 mL。不时摇动，待维生素B_1全部溶解，加入2 mol/L的NaOH溶液7.5 mL，充分振摇，继续加入新制备的苯甲醛7.5 mL，在室温下静置一周，有黄色结晶析出，然后抽滤，用少量冷水进行冲洗，得到安息香粗品。

2. 联苯甲酰的制备　取100 mL三口烧瓶依次加入安息香3 g和30%的稀硝酸7.5 mL，装上搅拌器、温度计和球形冷凝器，置于油浴锅缓慢加热至110～120 ℃，反应1.5h。该反应有氧化氮气体生成，可以在冷凝管顶端装上导管，将气体通入水槽中。反应完成后，边搅拌边将反应液导入20 mL热水中，继续搅拌至结晶完全析出。抽滤，晶体用3～5 mL水冲洗，40 ℃干燥，得联苯甲酰粗品。

3. 苯妥英的制备　取100 mL的三口烧瓶依次加入联苯甲酰2 g、尿素0.7 g、20%氢氧化钠溶液6 mL和50%的乙醇10 mL，置于油浴锅加热，回流反应30 min，将反应液倒入60 mL沸水中，加入活性炭2～3 g，加热煮沸10 min，室温冷却，抽滤并收集滤液，滤液用10%的盐酸调节pH至6，室温静置，待析出晶体后抽滤，用3～4 mL蒸馏水洗涤。真空干燥得苯妥英粗品（干燥温度不宜超过40 ℃）。

4. 苯妥英钠的制备　将上一步所得苯妥英粗品置于100 mL烧杯中，按粗品与水为1∶4的比例加入蒸馏水[注释] 并加热至40 ℃，加入20%氢氧化钠溶液至全部溶解，加活性炭少许。搅拌下加热5 min，趁热抽滤，滤液加氯化钠至饱和。室温冷却，析出晶体，抽滤，少量清水洗涤，真空干燥得苯妥英钠，称重，计算收率。

5. 结构表征

① ^{1}H-NMR、^{13}C-NMR表征。

② 红外吸收光谱测定、标准物TLC对照。

③ 高分辨质谱分析。

五、注意事项

1. *氰化钠为剧毒药品，微量即可致死，故使用时应严格遵守下列规则：①使用时必须戴好口罩、手套，若手上有伤口，应预先用硅胶布粘好。②称量和投料时，避免洒落他处，一旦撒出，可在其上倾倒过氧化氢溶液，稍等片刻，再用湿抹布抹去即可。粘有氰化钠的容器、称量纸等要按上述方法处理，不允许不加处理乱丢乱放。③投入氰化钠前，一定要用20%氢氧化钠调pH至8，pH较低时可产生剧毒气体氰化氢（氰化氢为无色气体，空气中最高允许量为10 mg/kg）。

*为安全起见，可选已制备好的安息香或采用B法制备。

2. 硝酸为强氧化剂，使用时应避免与皮肤、衣物等接触。

六、注释

制备钠盐时，水量稍多，可使收率受到明显影响，要严格按比例加水。

七、思考题

1. 试述氰化钠及维生素 B_1 在安息香缩合反应中的作用（即催化机理）？

2. 制备联苯甲酰时，反应温度为什么要逐渐升高？氧化剂为什么不用浓硝酸，而用稀硝酸？

3. 苯妥英钠制备的原理是什么？

实验 15　苯佐卡因 (Benzocaine) 的制备

一、实验目的

1. 掌握本实验涉及的氧化、酯化、还原的原理及基本操作。

2. 通过苯佐卡因的合成，熟悉药物合成的基本过程。

二、实验原理

苯佐卡因为局部麻醉药，外用为撒布剂，用于手术后创伤止痛、溃疡止痛、一般性痒症止痒等。苯佐卡因化学名为对氨基苯甲酸乙酯，分子式为 $C_9H_{11}NO_2$，分子量为 165.2，化学结构式为：

$$H_2N-C_6H_4-C(=O)-O-CH_2CH_3$$

苯佐卡因为白色结晶性粉末，味微苦而麻；熔点 88～90 ℃；易溶于乙醇，极微溶于水。

合成路线：

$$(1)\quad p\text{-}CH_3C_6H_4NO_2 + Na_2Cr_2O_7 + H_2SO_4 \longrightarrow p\text{-}HOOCC_6H_4NO_2 + Na_2SO_4 + Cr_2(SO_4)_3 + H_2O$$

$$(2)\quad p\text{-}HOOCC_6H_4NO_2 + C_2H_5OH \xrightleftharpoons{H_2SO_4} p\text{-}C_2H_5OOCC_6H_4NO_2 + H_2O$$

$$(3)\quad p\text{-}C_2H_5OOCC_6H_4NO_2 + Fe + H_2O \longrightarrow p\text{-}C_2H_5OOCC_6H_4NH_2 + Fe_3O_4$$

三、实验仪器及试剂

1. 仪器：核磁共振仪、红外光谱仪、高分辨质谱仪、熔点仪、天平、旋转蒸发仪、真空干燥箱、油浴锅、水浴锅、循环水泵、磁力搅拌器、三口烧瓶、干燥试管、镊子、圆底烧瓶、温度计、搅拌棒、球形冷凝器、烧杯、布氏漏斗、滴液漏斗、分液漏斗、锥形瓶、乳钵、药勺。

2. 试剂：重铬酸钠、对硝基甲苯、浓硫酸、氢氧化钠、活性炭、乙醇、氯化钙、碳酸钠、冰醋酸、铁粉、氯化铵、氯仿、盐酸、对硝基苯甲酸乙酯。

四、实验步骤

1. 对硝基苯甲酸的制备（氧化）　在装有搅拌棒和球形冷凝器的 250 mL 三口烧瓶中，加入重铬酸钠（含两个结晶水）23.6g，水 50 mL，开始搅拌，待重铬酸钠溶解后，加入对硝基甲苯 8g，用滴液漏斗滴加 32 mL 浓硫酸。滴加完毕后加热，保持反应液沸腾 60～90 min（反应中，球形冷凝器中可能有白色针状的对硝基甲苯析出，可适当关小冷凝水，使其溶解），冷却后将反应液倒入 80 mL 冷水中，抽滤，残渣用 45 mL 水分别洗涤三次。将残渣转移至烧杯中，加入 5%硫酸 35 mL，在沸水浴上加热 10 min，并不时搅拌，冷却后抽滤，滤渣[注释1] 溶于温热的 5%氢氧化钠溶液中（70 mL）。50 ℃左右抽滤，滤液加入活性炭 0.5g 脱色 5～10 min。趁热抽滤。冷却，在充分搅拌下缓慢倒入 15%硫酸 50 mL，抽滤，洗涤，真空干燥得对硝基苯甲酸，计算收率。

2. 对硝基苯甲酸乙酯的制备（酯化）　在干燥的 100 mL 圆底烧瓶中加入对硝基苯甲酸 6g，无水乙醇 24 mL，逐渐加入浓硫酸 2 mL 振摇使混合均匀，装上附有氯化钙干燥管的球形冷凝器，油浴加热回流 80 min（油浴温度控制在 100～120 ℃）。稍冷，将反应液倒入 100 mL 水中[注释2]，抽滤；滤渣转移至乳钵中，研细，加入 5%碳酸钠溶液 10 mL（由 0.5g 碳酸钠和 10 mL 水配制而成），研磨 5 min，测 pH（检测反应物是否呈碱性），抽滤，用少量水洗涤，干燥，计算收率。

3. 对氨基苯甲酸乙酯的制备（还原）

① A 法　在装有搅拌棒及球形冷凝器的 250 mL 三口烧瓶中，加入 35 mL 水、2.5 mL 冰醋酸和已经处理过的铁粉 8.6g，开动搅拌[注释3]，加热至 95～98 ℃反应 5 min。稍冷，加入对硝基苯甲酸乙酯 6g 和 95%乙醇 35 mL，在激烈搅拌下回流反应 90 min。稍冷，在搅拌下分别加入温热的碳酸钠饱和溶液（由碳酸钠 3g 和水 30 mL 配制而成），搅拌片刻，立即抽滤（布氏漏斗需预热）。滤液冷却后析出结晶，抽滤，产品用稀乙醇洗涤，干燥得粗产品。

② B 法　在装有搅拌棒及球形冷凝器的 100 mL 三口烧瓶中，加入水 25 mL、氯化铵 0.7g，铁粉 4.3g，加热至沸腾，活化 5 min。稍冷，慢慢加入对硝基苯甲酸乙酯 5g，充分激烈搅拌，回流反应 90 min。待反应液冷至 40 ℃左右，加入少量碳酸钠饱和溶液调 pH 至 7～8，加入 30 mL 氯仿，搅拌 3～4 min，抽滤。用 10 mL 氯仿洗三口烧瓶及滤渣，抽滤并合并有机相，倒入 100 mL 分液漏斗中，静置分层，收集有机层，氯仿层

用5%盐酸90 mL分三次萃取，合并萃取液（氯仿回收），用40%氢氧化钠调pH至8，析出结晶，抽滤，得苯佐卡因粗品，计算收率。

4. 精制　将上述粗品置于装有球形冷凝器的100 mL圆底烧瓶中，每克粗品加入10～15 mL的50%乙醇，在水浴上加热溶解。稍冷，加活性炭脱色（活性炭用量视粗品颜色而定），加热回流20 min，趁热抽滤（布氏漏斗、抽滤瓶应预热）。将滤液转移至烧杯中，自然冷却，待结晶完全析出后，抽滤，用少量50%乙醇洗涤两次，压干，干燥，测熔点，计算收率。

5. 结构表征

① ^{1}H-NMR、^{13}C-NMR表征。

② 红外吸收光谱测定、标准物TLC对照。

③ 高分辨质谱分析。

五、注意事项

酯化反应需在无水条件下进行，如有水进入反应体系，收率将降低。无水操作的要点是：原料干燥无水；所用反应装置、量具干燥无水；反应期间避免水进入反应瓶。

六、注释

1. 氧化反应中有一步使用5%氢氧化钠处理滤渣，温度应保持在50 ℃左右，若温度过低，对硝基苯甲酸钠会析出而被滤去。

2. 对硝基苯甲酸乙酯及少量未反应的对硝基苯甲酸均溶于乙醇，但均不溶于水。反应完毕，将反应液倒入水中，乙醇的浓度降低，对硝基苯甲酸乙酯及对硝基苯甲酸便会析出。这种分离产物的方法称为稀释法。

3. 在还原反应中，铁粉比较重，沉在瓶底，必须将其搅拌起来，才能使反应顺利进行，故充分激烈搅拌是铁酸还原反应的重要因素。A法中所用的铁粉需预处理，方法为：称量铁粉10g置于烧杯中，加入2%盐酸25 mL，在石棉网上加热至沸腾，抽滤，水洗至pH为5～6之间，烘干，备用。

七、思考题

1. 氧化反应结束，将对硝基苯甲酸从混合物中分离出来的原理是什么？

2. 酯化反应为何需要无水操作？

3. 铁酸还原的机理是什么，与其他还原方法比较有何优势？

实验16　贝诺酯 (Benorilate) 的制备

一、实验目的

1. 掌握氯化亚砜在制备酰氯化合物中的应用。

2. 熟悉拼合原理在药物结构修饰中的运用。

3. 熟悉Schotten-Baumann酯化反应的原理及在药物合成中的应用。

4. 了解贝诺酯的药用价值。

二、实验原理

贝诺酯又名扑炎痛、解热安、苯乐安，是一种新型解热镇痛抗炎药，是阿司匹林和对乙酰氨基酚经拼合制备而成。它既保留了原药的解热镇痛功能，又减小了原药的毒副作用，并有协同作用。适用于急、慢性风湿性关节炎，风湿痛，感冒，发热，头痛及神经痛等。贝诺酯化学名为4-乙酰氨基苯基水杨酸酯乙酸酯，分子式为 $C_{17}H_{15}NO_5$，分子量为313.3，化学结构式为：

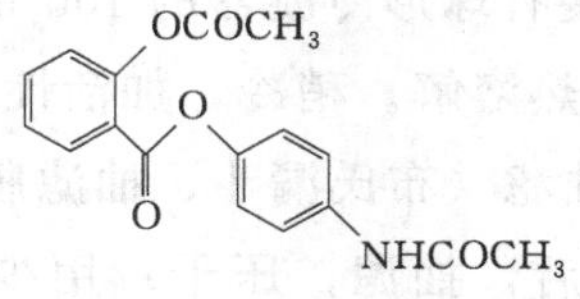

OCOCH$_3$ / O / O / NHCOCH$_3$

贝诺酯

贝诺酯为白色结晶性粉末，熔点174～178 ℃，不溶于水，微溶于乙醇，溶于氯仿，无臭无味。

合成路线：

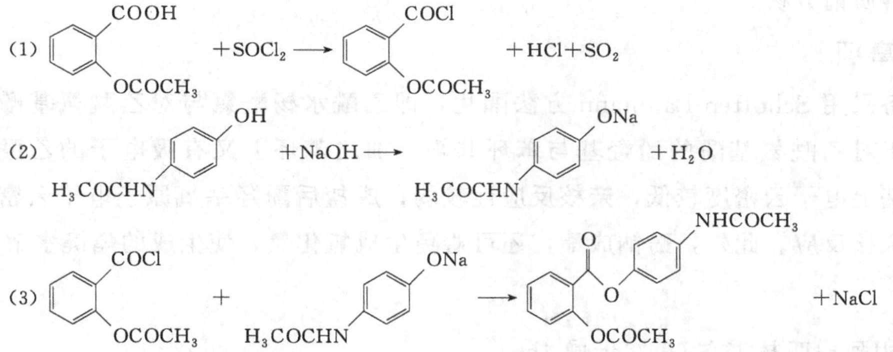

(1) COOH / OCOCH$_3$ $+SOCl_2 \longrightarrow$ COCl / OCOCH$_3$ $+HCl+SO_2$

(2) OH / H$_3$COCHN $+NaOH \longrightarrow$ ONa / H$_3$COCHN $+H_2O$

(3) COCl / OCOCH$_3$ + ONa / H$_3$COCHN $\longrightarrow$ NHCOCH$_3$ / O / O / OCOCH$_3$ $+NaCl$

三、实验仪器与试剂

1. 仪器：核磁共振仪、红外光谱仪、高分辨质谱仪、熔点仪、天平、磁力搅拌器、三口烧瓶、圆底烧瓶、温度计、球形冷凝器、烧杯、布氏漏斗、抽滤瓶、滴管、橡皮管、药勺、循环水泵、滴液漏斗、玻璃棒、温度计、水浴锅、真空干燥箱。

2. 试剂：阿司匹林、对乙酰氨基酚、吡啶、氯化亚砜、无水丙酮、氢氧化钠、95%乙醇、活性炭。

四、实验步骤

1. 乙酰水杨酰氯的制备　依次将阿司匹林[注释1] 10g和吡啶[注释2]两滴加入100 mL洁净的三口烧瓶中，搅拌下缓慢滴加5.5 mL重蒸的氯化亚砜（$SOCl_2$）[注释3]。滴加过程中保持反应内温≤30 ℃（约10～15 min完成），滴加完后继续搅拌，并缓缓加热至

70 ℃，持续加热至无尾气产生（约 70～80 min 完成），反应结束后冷却至室温，减压蒸馏除去过量氯化亚砜（沸点 79 ℃），加入无水丙酮 10 mL，混匀，转移至干燥的 100 mL 滴液漏斗中，密闭备用[注释4]。

2. 贝诺酯粗品的制备　在三口烧瓶中加入对乙酰氨基酚 10g 和蒸馏水 50 mL，冰水浴至 10 ℃左右，在搅拌下滴加 NaOH 溶液（氢氧化钠 3.6g 加水 20 mL 制备而成，用滴管滴加）。滴加完毕（温度在 8～12 ℃之间），强烈搅拌下缓慢滴加乙酰水杨酰氯丙酮溶液（20 min 左右滴完）。滴加完毕，调至 pH≥10，控制温度在 8～12 ℃之间继续搅拌反应 60 min，抽滤，水洗至中性，得粗品，计算收率。

3. 精制　称量粗品 5g 置于装有球形冷凝器的 100 mL 圆底烧瓶中，加入 10 倍量质量浓度为 95%乙醇，在水浴上加热溶解。稍冷，加活性炭脱色（活性炭用量视粗品颜色而定），加热回流 30 min，趁热抽滤（布氏漏斗、抽滤瓶应预热）。滤液趁热转移至烧杯中，自然冷却，待结晶完全析出后，抽滤，压干；用少量乙醇洗涤两次（母液回收），压干，真空干燥，测熔点，计算收率。

4. 结构表征

(1) ^{1}H-NMR、^{13}C-NMR 表征。

(2) 红外吸收光谱测定、标准物 TLC 对照。

(3) 高分辨质谱分析。

五、注意事项

贝诺酯制备采用 Schotten-Baumann 方法酯化，即乙酰水杨酰氯与对乙酰氨基酚钠缩合酯化。由于对乙酰氨基酚的酚羟基与苯环共轭，加之苯环上又有吸电子的乙酰氨基，因此酚羟基上电子云密度较低，亲核反应性较弱；成盐后酚羟基氧原子电子云密度增高，有利于亲核反应。此外，酚钠成酯，还可避免生成氯化氢，使生成的酯键水解。

六、注释

1. 反应所用阿司匹林需在 60 ℃干燥 4h。

2. 吡啶为催化剂，用量不宜过多，否则影响产品的质量。

3. 氯化亚砜（$SOCl_2$）是由羧酸制备酰氯最常用的氯化试剂，不仅价格便宜而且沸点低，生成的副产物均为挥发性气体，故所得酰氯产品易于纯化。氯化亚砜遇水可分解为二氧化硫和氯化氢，因此所用仪器均需干燥，加热时不能用水浴。

4. 制得的酰氯易水解不宜久置。

七、思考题

1. Schotten-Baumann 酯化反应的机理是什么？为什么要先制备对乙酰氨基酚钠，再与乙酰水杨酰氯进行酯化，而不是直接酯化？

2. 乙酰水杨酰氯的制备过程中，操作上应该注意哪些事项？

3. 贝诺酯粗品的制备过程中为何需要 pH≥10？

参考文献

[1] 王晓君，刘吉平．苯甲酸的合成工艺［J］．化工进展，2011，30（增刊）：603-605.

[2] 袁华，张华良，尹传奇，等．苯甲酸乙酯制备实验的比较分析［J］．实验室科学，2016，19（2）：35-37.

[3] 周雨晴，梁迪，杜沛霖．正交试验法优选肉桂油的水蒸气蒸馏法提取工艺［J］．中国调味品，2020，45（7）：90-95.

[4] 陈敏，崔庆飞．氨基磺酸法合成十二烷基硫酸钠综合实验［J］．实验技术与管理，2007，42（4）：35-37.

[5] 李奎，朱文，刘玮，等．油脂与蔗糖转酯合成生物基表面活性剂的研究［J］．广州化工，2018，46（4）：47-50.

[6] 谢建康．巯基乙酸（铵）合成工艺的改进［J］．淮北煤师院学报（自然科学版），1995，16（4）：61-64.

[7] 罗娟，邓彤彤，杨余芳．巯基乙酸铵的制备［J］．精细化工中间体，2002，32（1）：37-38.

[8] 高夏南．防晒化妆品的制备研究［J］．化工管理，2018（27）：21-22.

[9] 龚盛昭，叶孝兆，骆雪萍．利用废茶制备防晒用品的研究［J］．中国资源综合利用，2002（1），30-32.

[10] 袁冰，李宗石，乔卫红，等．HY 沸石催化芳环化合物的苯甲酰化反应［J］．现代化工，2006，26（增刊）：198-200.

[11] 郭俊温，张雪峰，阙耀华，等．分光光度法测定粉煤灰沸石阳离子交换容量［J］．化工技术与开发，2011，40（1）：40-42.

[12] 冯纪南，邓斌，杨佳，等．纳米稀土复合固体超强酸 SO_4^{2-}/ZrO_2-2% Nd_2O_3 催化合成对羟基苯甲酸正丁酯［J］．食品工业科技，2014，35（3）：253-257.

[13] 王士钊，周雪琴，刘东志．纳米 TiO_2 作为润滑油添加剂的制备及结构表征［J］．现代化工，2013，33（11）：75-77.

[14] 张航，兰彬，姚歉，等．清洁型燃料甲醇汽油微乳液的制备及稳定性研究［J］．宁夏农林科技，2013，54（3）：94-96.

[15] 李才正，苗佳．阿司匹林的临床应用进展［J］．华西医学，2012，27（7）：988-991.

[16] 邹凯华，张华．阿司匹林的研究进展［J］．上海医药，2009，30（2）：64-66.

[17] 陈铭祥，刘东，郑明彬，等．阿司匹林合成实验半微量化的研究［J］．广州化工，2021，49（12）：165-167.

[18] 王秀杰．巴比妥类药物的合成优化方案探究［J］．现代商贸工业，2021，42（7）：158-159.

[19] 朱千勇，何晓梅，丁兆阳．苯巴比妥（Ph. Eur. 7.1）的合成工艺研究［J］．化学工业与工程技术，2011，32（5）：20-22.

[20] 罗润芝，王景慧，刘云．苯妥英钠制备工艺的改进［J］．化工设计通讯，2018，44（11）：196.

[21] 刘凤华，苏谨．苯妥英钠合成方法的改进［J］．黑龙江医药科学，2003，26（6）：61.

[22] 陈新．苯妥英钠合成实验的改进［J］．广州化工，2010，38（7）：97-98.

[23] 刘太泽．苯佐卡因的合成［D］．南昌：南昌大学，2010：39-41.

[24] 李正化．药物化学［M］．北京：人民卫生出版社，1993：163-171.

[25] 陈碧芬，孙向东，李爱元，等．苯佐卡因合成方法的改进研究［J］．广州化工，2015，43（3）：85-86.

[26] 彭彩云，方渡，李云耀．苯佐卡因的合成方法改进［J］．中国医疗前沿，2007，1（2）：56-57.

[27] 李柱来．药物化学实验指导［M］．厦门：厦门大学出版社，2014：47-49.

[28] 陈启绪，张永春，任继波，等．贝诺酯的合成方法改进［J］．浙江化工，2021，52（5）：12-15.

[29] 马艳．扑炎痛合成工艺优化［J］．化工时刊，2014，28（3）：19-20.

[30] 李晓媛．扑炎痛的合成研究［J］．化工管理，2014（14）：122.

第3章

精细化工配方产品/药物制剂实训

3.1 洗涤剂配方产品实训

合成洗涤剂是指由合成的表面活性剂和辅助组分混合而成的具有洗涤功能的复配制品。实践证明，在织物的水洗中，只有阴离子表面活性剂和非离子型表面活性剂对织物去污起到正面有效的作用。因此这两种表面活性剂成为衣物洗涤剂的主要成分。洗涤剂要具备良好的润湿性、渗透性、乳化性、分散性、增溶性及发泡与消泡等性能。这些性能的综合就是洗涤剂的洗涤性能。

随着我国新型工业化进程的加快，清洗已经成为工业生产中的一个必不可少的重要环节，工业清洁用品的市场需求将会保持持续高位增长，同时这样对清洗技术进步提出了新的、更高的要求。据国家统计局数据显示，2018 年，我国合成洗涤剂产量为 928.6 万吨，2019 年 1～11 月，我国合成洗涤剂产量为 924.4 万吨。

目前，我国洗涤剂种类繁多，按不同的形式，合成洗涤剂的产品分类见图 3-1。未来我国合成洗涤剂将逐渐向环保化、浓缩化和液体化的方向发展，将逐步提高产品的安全性，满足消费者多样化的需求。

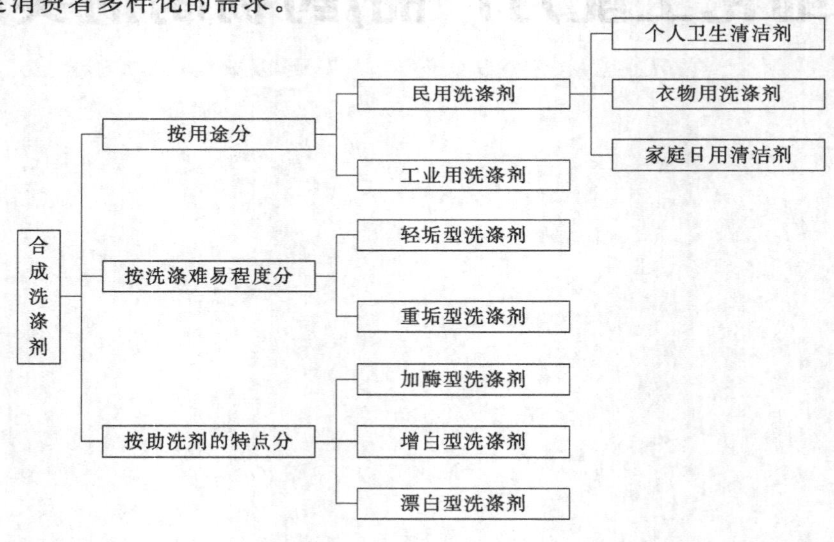

图 3-1　合成洗涤剂的产品分类

实训 1　玻璃擦净剂的配制

一、实训目标

1. 掌握配制玻璃擦净剂的原理，掌握配方中加入各物质所起的作用。
2. 能够通过改变配方中各物质相对含量或加入新的组分，对配方进行改进。

二、实训原理

本玻璃擦净剂是以丙醇、羧甲基纤维素钠、苯酚、氨水等为原料配制而成的，可明显地除去玻璃上的油污灰尘，而且不会留下痕迹，擦洗效率高，一般车用玻璃擦一遍即可达到洗净的要求。本玻璃擦净剂用途广，原料易得，制作简单。

本玻璃擦净剂既适用于汽车、火车等车窗玻璃的擦洗，也适用于建筑物的门窗玻璃、镜子等的擦洗。

三、仪器及药品

1. 仪器：恒温干燥箱、恒温水浴锅、移液管、天平、80 目筛、烧杯、玻璃棒、精密 pH 试纸。

2. 药品：柚皮、盐酸、乙醇、硫酸铝、丙醇、羧甲基纤维素钠、苯酚、氨水。

四、实训步骤

1. 柚皮中果胶的提取

(1) 原料前处理

柚皮清洗后用刀片除去黄色外果皮，以白色中果皮为实验原料，切碎成小块状，60 ℃下烘至恒重，粉碎成粉末状，待用。

(2) 制备

① 酸水解　加入 2～3 倍体积的去离子水，用 4%盐酸调节 pH 至 2 左右，在 80～100 ℃保温 90～120 min，适当地加以搅拌，使原果胶转化为可溶性果胶。

② 沉淀

a. 乙醇沉淀法　在提取液中不断搅拌下加入 95%乙醇，加入乙醇的量约为原体积的 1～3 倍，静置 30 min。工艺流程如下：柚皮果胶提取液 120 mL→过滤→调 pH 至 2～3→乙醇沉析（90 ℃）→静置 120 min→过滤→沉淀→95%乙醇洗涤→55～60 ℃干燥→果胶成品。

b. 盐析沉淀法　精确量取一定体积的柚皮果胶提取液，在一定条件下加入一定量的饱和 $Al_2(SO_4)_3$ 溶液中，适当搅拌，静置，使果胶沉淀析出，抽滤，放入 60 ℃恒温干燥箱中干燥，称重，计算柚皮果胶收率。工艺流程如下：柚皮果胶提取液 120 mL→过滤→调 pH 至 5～6→加入 10g $Al_2(SO_4)_3$ 沉析→确定温度 45 ℃→静置 1h→过滤→沉淀→95%乙醇洗涤→55～60 ℃干燥→果胶成品。

③ 沉淀后处理　过滤后的果胶用无水乙醇洗涤 2～3 次，60 ℃下干燥至含水量小于 10%，粉碎过 80 目筛即得果胶成品。果胶成品为淡黄色或白色的粉末[注释1]。

2. 洗净剂的制备　在容器中放一定量的苯酚，慢慢地加入氨水，搅拌均匀后测定溶液的 pH，待其 pH 控制在 9 左右时，停止加氨水，使混合液呈弱碱性。测定洗净剂的 pH，可使用精密 pH 试纸。

3. 玻璃擦净剂的制备　按表 3-1 配方组成与质量分数，将羧甲基纤维素钠（或果胶质提取物）溶解于水中，搅拌使其全溶后，加入丙醇和已经制备好的洗净剂，继续搅拌混匀即可。

表 3-1 玻璃擦净剂配方[注释2]

成分	质量分数/%
洗净剂(自配)	0.75
丙醇	20
羧甲基纤维素钠或果胶质提取物	1
自来水	加至 100

实验条件允许的情况下，也可按自己设计的配方进行实验。

五、实训结果与分析

可以用两种配方（其中有一个自己设计的配方）产品擦玻璃，检验产品性能。使用时，可用洁净的布或刷子蘸取少量本剂擦洗玻璃，也可喷洗或冲洗。

六、注释

1. 果胶可以应用于玻璃清洁剂中。如一种环保车窗清洁剂配方：白萝卜提取液 10～20 份，小黄瓜提取液 3～10 份，果胶 2～5 份，茶皂素 2～10 份，乙醇 20～30 份，次氯酸钠 0.5～0.8 份，水 30～50 份。该清洁剂为纯天然配方，环保无毒无污染。

果胶在本玻璃擦净剂配方中，可以替代羧甲基纤维素钠（CMC-Na)，作为增稠剂和絮凝剂。

2. 表 3-1 玻璃擦净剂配方中各成分性质与作用如下：

丙醇，无色透明液体，有像乙醇的气味，溶于水、乙醇和乙醚。在本擦净剂中用作润湿剂、抗冻剂、清洗剂。

羧甲基纤维素钠，简称 CMC-Na。白色粉末。有效物≥50%，是羧甲基纤维素的钠盐。吸湿性很强。能溶于水，生成抗盐和有一定稳定性的黏性溶液。在本擦净剂中用作增稠剂、摩擦剂。

苯酚，俗名石碳酸，无色或白色晶体，有特殊的气味，有毒且有腐蚀性。使用时注意安全并严格遵守操作规程。在空气中变成粉红色。在室温下稍溶于水。在 65 ℃以上时能与水混溶。易溶于乙醇、乙醚、氯仿、甘油、二硫化碳等。几乎不溶于石油醚。在本擦净剂中用作去污剂、消毒剂。

氨水，气体氨的水溶液（在本配方中配制成密度为 0.88g/ mL 使用)，有强烈氨的刺激性气味，易挥发。在本擦净剂中用作中和剂、清洗助剂。

七、思考题

1. 叙述洗涤剂的洗涤原理。

2. 玻璃擦净剂的主要成分是什么？各起什么作用？

实训 2　餐具洗涤剂的配制

一、实训目标

1. 了解餐具洗涤剂的配方原理及各组分的作用。

2. 掌握餐具洗涤剂的配制方法，并能够根据实际需要，选择合适配方，并进行配制，得到合格洗涤剂产品。

二、实训原理

餐具洗涤剂的原料主要包括溶剂（水或有机溶剂）、表面活性剂和助剂等。溶剂主要为水。水作为溶剂，溶解力和分散力都比较大，比热容和汽化热很大，不可燃，无污染。这些都是作为洗涤介质时最优良的性质。但水也存在一些缺点，如对油脂类污垢溶解能力差，表面张力大，具有一定的硬度，需经软化处理。用作餐具洗涤剂的表面活性剂主要包括阴离子表面活性剂、非离子表面活性剂。助剂主要包括增稠剂、螯合剂、香精以及防腐剂等。

选择餐具洗涤剂配方，需要遵守以下基本要求：①对人体安全无害；②能高效地除去动植物油垢，但不损伤餐具、灶具等。③用于洗涤蔬菜、水果时，无残留物，不影响外观和原有风味。④产品长期储存稳定性好，不会发霉变质。另外，为了使用方便，餐具洗涤剂要制成透明状，并有适当的浓度和黏度。

三、仪器及药品

1. 仪器：水浴锅、电动搅拌机、天平。

2. 药品：十二烷基苯磺酸钠（LAS）、脂肪醇聚氧乙烯醚硫酸钠（AES）、脂肪酸聚氧乙烯醚（AEO-9）、月桂酸二乙醇酰胺（尼诺尔、6501）、乙醇、卡松、乙二胺四乙酸二钠（EDTA-2Na）、食盐、香精。

四、实训步骤

按配制 400g 餐具洗涤剂进行实训。

调节水浴锅温度在 40～50 ℃，并搭好装置；量取一定量去离子水于烧杯中先预热；按表 3-2 配方及质量分数，先加入 LAS，开启电动搅拌机，在搅拌下依次加入 AEO-9、6501、AES-2Na[注释1]，直至物料完全溶解，然后加入螯合剂 EDTA-2Na、增溶剂乙醇及防腐杀菌剂卡松，继续搅拌降温至 40 ℃以下[注释2]，加食盐调节所需黏度，最后加 1～2 滴香精，即得到成品。

表 3-2　餐具洗涤剂基本配方表[注释3]

成分	质量分数/%	成分	质量分数/%
LAS	13	AEO-9	8.0
AES	5.0	6501	4.0

续表

成分	质量分数/%	成分	质量分数/%
卡松	0.2	食盐	适量
EDTA-2Na	0.1	去离子水	加至 100
乙醇	0.2	香精	1～2 滴

实验条件允许的情况下，可按自己设计的配方进行实验。

五、实训结果与分析

观察两种配方（其中有一个自己设计的配方）产品的颜色、气味、状态，并进行去污力的测定。

1. 硬水的配制　称取 $CaCl_2$ 16.7g 和 $MgSO_4 \cdot 7H_2O$ 24.7g，用蒸馏水稀释至 10L，即获得 2500 mg/kg（以碳酸钙表示）硬水，也可以稀释至 250 mg/kg 使用。

2. 人工污垢的配制　标准黄土、污垢的配方分别见表 3-3、表 3-4。

表 3-3　标准黄土的配方

化学成分	二氧化硅	三氧化二铝	氧化钙	三氧化二铁
质量分数/%	54.0～72.0	10.0～14.0	4.0～9.0	0.3～5.0

表 3-4　污垢的配方

名称	质量/g	名称	质量/g
硬脂酸钙	5.0	奶粉	15.0
标准黄土	5.0	2500 g 硬水	75.0

配制方法：将盛有硬脂酸钙、硬水的烧杯加热到 80 ℃，直至烧杯中的物质熔化，搅拌下将其他物质加入，混合均匀，即为人工污垢。

3. 去污率的测定　按 GB 9985—2000 附录 B 所示的方法进行。以机械力清洗玻璃片去掉污垢的百分数作为去污率。按下式计算去污率：

$$去污率=(m_1-m_2)/(m_1-m_0)$$

式中　m_0——涂污前玻璃片的质量，g；

m_1——涂污后玻璃片的质量，g；

m_2——洗涤后玻璃片的质量，g。

六、注释

1. 应将 AES 慢慢加入水中，绝不能直接加水来溶解，否则可能成为一种黏度较大的凝胶；由于 AES 在高温下极易水解，因此溶解温度不可超过 65 ℃，最好在 50 ℃以下。

2. 要按规定控制好温度，加入香精时温度必须低于 40 ℃，以防挥发。

3. 表 3-2 餐具洗涤剂配方中各成分性质与作用如下：

十二烷基苯磺酸钠，工业级，别名 LAS。白色或淡黄色粉状或片状固体。溶于水而成半透明溶液。十二烷基苯磺酸钠是中性的，对水硬度较敏感，不易氧化，起泡力强，去污力高，易与各种助剂复配，是非常出色的阴离子表面活性剂。十二烷基苯磺酸钠对颗粒污垢、蛋白污垢和油性污垢有显著的去污效果，对天然纤维上颗粒污垢的洗涤作用尤佳，去污力随洗涤温度的升高而增强，对蛋白污垢的作用高于非离子表面活性剂，且泡沫丰富。近年来为了获得更好的综合洗涤效果，十二烷基苯磺酸钠常与脂肪醇聚氧乙烯醚（AEO）等非离子表面活性剂复配使用。十二烷基苯磺酸钠最主要的用途是配制各种类型（液体、粉状、粒状）的洗涤剂、擦净剂和清洁剂等。

脂肪醇聚氧乙烯醚硫酸钠，工业级，别名 AES。白色或淡黄色凝胶状膏体，易溶于水。稀释时，为避免出现凝胶状态，建议逐渐加入水中搅拌溶解。AES 因具有良好的去污力、抗硬水性、较低的刺激性、较高的发泡力以及优异的配伍性能而大量应用于香波、沐浴露等个人护理产品中，尤其适合配制低 pH（中性至弱酸性）产品。

脂肪酸聚氧乙烯醚，工业级，别名 AEO-9。无色油状物，具有良好的乳化性、去污性、水溶性及生物降解性，广泛用作洗涤剂和乳化剂等。可在纺织业中用作羊毛净洗剂、脱脂剂、织物净洗剂，可代替烷基酚聚氧乙烯醚（TX-10）生产洗衣粉。

月桂酸二乙醇酰胺，别名尼诺尔、6501，微黄膏状，与其他洗涤剂配合应用，可以提高去污力和泡沫力。它在印染工业液体洗涤剂中配用。在洗发液中配用时，可以稳定泡沫，增加成品黏稠度。

乙醇为增溶剂，卡松为防腐杀菌剂，乙二胺四乙酸二钠（EDTA-2Na）为螯合剂，食盐为黏度调和剂，还有香精和去离子水等。

七、思考题

1. 餐具洗涤剂需要满足什么要求？
2. 餐具洗涤剂配方主要成分是什么？各起什么作用？

3.2 涂料配方产品实训

涂料，中国传统名称为油漆。所谓涂料是一种材料，这种材料可以用不同的施工工艺涂覆在物件表面，形成黏附牢固、具有一定强度、连续的固态薄膜。这样形成的膜通称涂膜，又称漆膜或涂层。

涂料一般有四种基本成分：成膜物质（树脂、乳液）、颜料（包括体质颜料）、溶剂和添加剂（助剂）。

① 成膜物质　是涂膜的主要成分，包括油脂、油脂加工产品、纤维素衍生物、天然树脂、合成树脂和合成乳液。成膜物质还包括部分不挥发的活性稀释剂。成膜物质是使涂料牢固附着于被涂物面上形成连续薄膜的主要物质，是构成涂料的基础，决定着涂料的基本特性。

② 颜料　一般分两种，一种为着色颜料，常见的有钛白粉、铬黄等，另一种为体质颜料，也就是常说的填料，如碳酸钙、滑石粉。

③ 助剂　如消泡剂、流平剂等，还有一些特殊的功能助剂，如底材润湿剂等。这些助剂一般不能成膜并且添加量少，但对基料形成涂膜的过程与耐久性起着相当重要的作用。

④ 溶剂　包括烃类（矿物油、煤油、汽油、苯、甲苯、二甲苯等）、醇类、醚类、酮类和酯类物质。溶剂和水的主要作用在于使成膜基料分散而形成黏稠液体，它有助于施工和改善涂膜的某些性能。

自 1915 年上海开林油漆厂创建以来，中国的涂料工业已有百余年的发展历史。目前在我国已经形成了包括建筑、机械、化工、轻工、建材、交通等行业在内的广大涂料行业市场。2018 年全球涂料市场规模达 1649 亿美元，其中亚太地区约占到全球总量的一半，而中国约占亚太地区的消费总量的 2/3，前景十分可观。我国已成为世界上涂料生产大国，同时也是一个重要的涂料消费大国。

水性涂料、粉末涂料、艺术涂料是涂料未来的发展方向。

实训 3　聚醋酸乙烯酯乳胶涂料的制备

一、实训目标

1. 掌握聚醋酸乙烯酯乳胶涂料的配制原理及各组分在配方中对聚醋酸乙烯酯乳胶涂料的贡献。

2. 能根据实际需要，自行设计和选择合适的乳胶涂料配方，同时能对现有配方加以优化改进得到性能优异的乳胶涂料产品。

二、实训原理

传统涂料（溶剂型涂料）都要使用易挥发的有机溶剂，例如汽油、甲苯、二甲苯、酯、酮等作为涂料中的稀释剂，以帮助形成涂膜。这不仅浪费资源，污染环境，而且给生产和施工场所带来危险，而乳胶涂料的出现是涂料工业的重大革新。它以水为分散介质，克服了使用有机溶剂的许多缺点，因而得到了迅速发展。目前乳胶涂料广泛用作建筑涂料，并已进入工业涂料的领域。

树脂以微细粒子团（粒径 0.1～2.0μm）的形式分散在水中形成的乳液称为乳胶。乳胶可分为分散乳胶和聚合乳胶两种。在乳化剂存在下靠机械的强力搅拌使树脂分散在水中而制成的乳液称为分散乳胶。由乙烯基类单体按乳液聚合工艺制得的乳胶称为聚合乳胶。通过乳液聚合得到聚合物乳液，其中聚合物以微胶粒的状态分散在水中。当涂刷在底材表面时，随着水分的挥发，微胶粒互相挤压形成连续而干燥的涂膜，这是乳胶涂料的基础。另外，还要配入各种助剂，例如成膜助剂、颜料分散剂、增稠剂、消泡剂等，经高速搅拌、均匀而成乳胶涂料。

乳液聚合是在搅拌下，利用乳化剂使单体在水中分散成乳液而进行的聚合反应。乳化剂可用阴离子型或非离子型表面活性剂，如十二烷基硫酸钠、烷基苯磺酸钠，乳化剂OP-10、聚乙烯醇等。工业生产中习惯用聚乙烯醇来保护胶体，实际上常常同时使用乳化剂，以起到更好的乳化效果和稳定性。

乳液聚合所用的引发剂是水溶性的，如过硫酸盐。当溶液的pH太低时，过硫酸盐引发的聚合速度太慢。因此乳液聚合要控制好pH，使反应平稳，同时达到稳定乳胶液分散状态的目的。

要把乳胶进一步加工成涂料，必须使用颜料和助剂。基本的助剂有分散剂、增稠剂、防霉剂、增塑剂、消泡剂、防锈剂等，有时还按涂料的具体用途加入其他助剂。常用助剂如下：

① 分散剂（相润湿剂） 这类助剂能吸附在颜料粒子的表面，使水能充分润湿颜料并向其内部孔隙渗透，从而使颜料能分散于水相乳胶中，分散态的颜料微粒不会聚集和絮凝。用无机颜料时，常用六偏磷酸钠或多聚磷酸盐等作分散剂，它们能使颜料在水中分散良好。有机颜料多用表面活性剂作为分散剂。

② 增稠剂 能增加涂料的黏度，起到保护胶体和阻止颜料聚集、沉降的作用。如选用得当，还能改善乳胶涂料的涂刷施工性能和涂膜的流平性。增稠剂一般是水溶性的高分子化合物，如聚乙烯醇、纤维素衍生物、聚丙烯酸盐等。

③ 防霉剂 加有增稠剂（尤其是添加了纤维素衍生物）的乳胶涂料，容易在潮湿的环境中长霉，故常在乳胶涂料中加入防霉剂。常用的防霉剂有酚类、五氯酚钠（用量0.2%）、醋酸苯汞（用量0.05%～0.1%）、三丁基氧化锡（用量0.05%～0.1%）等。三丁基氧化锡有剧毒且价格昂贵，但对防止真菌的寄生很有效。使用防霉剂时要防止中毒。

④ 增塑剂和成膜助剂 涂覆后的乳胶涂料在溶剂挥发后，余下的分散粒子需经过接触合并，才能形成连续均匀的树脂膜。因此，树脂必须具有低温不易变形的性质。添加增塑剂可使乳胶树脂较易成膜，而且使固化后的涂膜有较好的柔顺性。成膜助剂是有适当挥发性的增塑剂。成膜助剂在树脂和水的两相中都有一定的溶解度，它既可增加树脂的流动性，又可降低水的挥发速度，有利于树脂逐渐形成涂膜。用量适当时，成膜助剂还对涂料的其他性能有所改善。常用的成膜助剂有乙二醇、丙二醇、己二醇、一缩乙二醇、乙二醇丁醚醋酸酯等。

⑤ 消泡剂 涂料中存在泡沫时，在干燥的涂膜中会形成许多针孔。消泡剂的作用就是去除这些泡沫。磷酸三丁酯、C_8～C_{12}的脂肪醇、水溶性硅油等是常用的消泡剂。

⑥ 防锈剂 用于防止包装铁罐生锈腐蚀和钢铁表面在涂刷过程中产生锈斑。常用的防锈剂是亚硝酸钠和苯甲酸钠。

三、仪器及药品

1. 仪器：四口烧瓶（250 mL）、电动搅拌器、温度计、球形冷凝管、滴液漏斗（60 mL）、电热套、恒温水浴锅、搪瓷或塑料杯、涂料刷、水泥石棉样板。

2. 药品：醋酸乙烯酯、聚乙烯醇、乳化剂 OP-10、去离子水、过硫酸铵、碳酸氢钠、邻苯二甲酸二丁酯、六偏磷酸钠、丙二醇、钛白粉、碳酸钙、磷酸三丁酯、滑石粉。

四、实训步骤

1. 聚醋酸乙烯酯乳液的合成

① 聚乙烯醇的溶解。在装有电动搅拌器、温度计（水银球浸入液面下）和球形冷凝管的 250 mL 四口烧瓶中加入 30 mL 去离子水和 0.35 g 乳化剂 OP-10，搅拌下加入 2 g 聚乙烯醇[注释1]，搅拌 15 min，加热升温，至 90 ℃保温 1h，使聚乙烯醇全部溶解，冷却备用。

② 将 0.2 g 过硫酸铵溶于 3.8 g 水中，配成质量分数为 5%的溶液。

③ 将 0.2 g 碳酸氢钠溶于 3.8 g 水中，配成质量分数为 5%的溶液。

④ 聚合。将步骤①中四口烧瓶内的溶液降温至 65 ℃以下，加入 17 g 蒸馏过的醋酸乙烯酯[注释2]。开动搅拌器，搅拌至充分乳化后，加入 2 mL 质量分数为 5%的过硫酸铵水溶液，水浴加热，保持溶液温度在 65～75 ℃。当醋酸乙烯酯单体回流基本消失，将溶液温度升至 80～83 ℃[注释3]，搅拌下通过滴液漏斗在 2h 内缓慢地、按比例地滴加余下的 23 g 醋酸乙烯酯和余下的过硫酸铵水溶液，加料完毕后缓慢升温以不产生大量泡沫为准[注释4]。最后升温至 90～95 ℃，保温 30 min 至无单体回流为止。冷却至 50 ℃加入 3 mL 左右质量分数为 5%的碳酸氢钠水溶液，调节 pH 至 5～6[注释5]。然后慢慢加入 3.4 g 邻苯二甲酸二丁酯，并充分搅拌 1h 后[注释6]，冷却即得白色黏稠状的乳液。

2. 聚醋酸乙烯酯乳胶涂料的制备　把 20 g 去离子水、5 g 质量分数为 10%的六偏磷酸钠水溶液以及 2.5 g 丙二醇加入搪瓷杯，开启电动搅拌器，逐渐加入 18 g 钛白粉、8 g 滑石粉和 6 g 碳酸钙，搅拌分散均匀后加入 0.3 g 磷酸三丁酯，继续快速搅拌 10 min，然后再慢速搅拌下加入 40 g 聚醋酸乙烯酯乳液，直至搅拌均匀为止，即得白色聚醋酸乙烯酯乳液涂料。

本实训在实验条件允许的前提下，可按自己的设计配方进行。

五、实训结果与分析

观察产品的颜色、气味、状态，并试用。

六、注释

1. 聚乙烯醇能否顺利溶解，与实验操作有很大关系，不适当的操作可能导致聚乙烯醇结块而溶解困难。

2. 醋酸乙烯酯在水中有较高的溶解度，而且容易水解，产生的乙酸会干扰聚合。

3. 为了制得聚合度适当的产物并使反应能平稳进行，控制反应温度是很重要的。由于反应大量放热，需要调节加料速度以使反应保持在一定的温度范围内。

4. 升温过快易使产物结块。

5. 因为醋酸乙烯酯较容易水解而产生醋酸，使乳液的 pH 降低，影响乳液的稳定性，故需加入碳酸氢钠中和。

6. 必须让增塑剂深入渗透到树脂粒子团内部被牢固吸收，因此需要搅拌一段时间。

七、思考题

1. 以过硫酸盐作为引发剂进行乳液聚合时，为什么要控制乳液的 pH？如何控制？

2. 简述聚醋酸乙烯酯乳胶涂料配方各组分对聚醋酸乙烯酯乳胶涂料的贡献。

实训 4 淀粉基内墙涂料的制备

一、实训目标

1. 掌握淀粉基内墙涂料配制原理及各组分在配方中对淀粉基内墙涂料的贡献。

2. 能根据实际需要，自行设计和选择合适的内墙涂料配方，同时能对现有配方加以优化改进得到性能优异的内墙涂料产品。

二、实训原理

近年来，内墙涂料的生产和应用得到迅速发展，各类品种越来越多地展现在我们面前，并逐步从油性到水性，从单层到多层，从低档向高档发展。回顾我国建筑涂料的发展历史，最初内墙的装饰主要有传统的水质涂料，如石灰浆、可赛因、大白粉浆等。20 世纪 60 年代，聚醋酸乙烯酯涂料研制成功，并广泛用于内墙装饰。20 世纪 70 年代，由于聚醋酸乙烯酯涂料价格较贵，聚乙烯醇及其改性品种得到了广泛采用。20 世纪 80 年代后期，聚乙烯醇价格不断上涨，涂料工作者又将大量精力投入到聚乙烯醇替代物的研究中，淀粉、膨润土、聚丙烯酰胺等替代成膜物被相继采用。

在聚乙烯醇替代物的研制过程中出现了无机替代物、有机替代物、天然原料替代物，或者多种复合使用的替代物，淀粉就是其中一种。就淀粉而言，生产者们的使用方式却不尽相同：有直接添加的，有糊化后使用的，有氧化后使用的，有和聚乙烯醇复配使用的，有单独使用的（单独使用时常常要进行耐水性处理）。由于淀粉是天然可食性原料，因此该内墙涂料对环境安全、无毒，是一种绿色环保的内墙涂料。

三、仪器及药品

1. 仪器：圆底烧瓶（500 mL）、温度计、电热套、恒温水浴锅、电动搅拌机。

2. 药品：木薯淀粉、硫酸铜、过氧化氢、浓硫酸、甲醛、尿素、亚硫酸钠、氢氧化钠、六偏磷酸钠、羧甲基纤维素、磷酸三丁酯、钛白粉、立德粉、滑石粉、轻质碳酸钙。

四、实训步骤

1. 淀粉乳液的合成　将 30 g 木薯淀粉加 40 mL 水制浆，加 0.1％的硫酸铜溶液（作催化剂）3 mL、10％的过氧化氢 3 mL[注释1]，升温至 60 ℃[注释2] 搅拌下反应 1.5h，加 1 mL 6％的硫酸溶液，滴加 36％的甲醛溶液 2 mL、30％的尿素溶液 4 mL，在 60 ℃ 下交联反应 1h，加 120 mL 热水稀释后，用 10％的亚硫酸钠溶液抑制进一步的氧化，同时反应掉游离的甲醛，加 10％氢氧化钠溶液 30 mL 糊化得到胶液。

2. 氧化淀粉胶液内墙涂料的配制　按表3-5配方组成及质量进行配制。

① 将六偏磷酸钠加水搅拌溶解成均匀的溶液。

② 搅拌下加入部分氧化淀粉胶液和磷酸三丁酯，混合均匀，然后再加入余下的胶液，混合均匀。

③ 在搅拌下，依次加入钛白粉、立德粉、轻质碳酸钙、滑石粉，混合均匀，再加入已经用水溶解的增稠剂羧甲基纤维素，混合均匀。

表3-5　氧化淀粉胶液内墙涂料基本配方表

成分	质量/g
氧化淀粉胶液	100
羧甲基纤维素	1
钛白粉	4
立德粉	10
滑石粉	13
轻质碳酸钙	30
磷酸三丁酯	1
六偏磷酸钠	0.8
水	适量

本实训在实验条件允许的前提下，可按自己的设计配方进行。

五、实训结果与分析

观察产品的颜色、气味、状态，并试用。

六、注释

1. 过氧化氢氧化淀粉后的产物为水，无污染，且不会产生有色物质，近年来已经成为淀粉氧化剂的首选。氧化作用是将淀粉分子中的第二、三、六位碳上的羟基氧化成羰基和羧基，并发生部分糖苷键的断裂，以调整淀粉的黏度和提高其水溶性、稳定性及抗凝冻能力。

2. 提高反应温度可以提高产物的羧基含量，这是因为随着温度的升高，分子运动加剧，淀粉分子与水分子之间相对运动速度加快，碰撞机会增多，发生反应的机会也会增多，氧化程度加深，羧基含量增加。但反应温度过高，体系的水分蒸发损失较大，局部还会出现糊化，不利于反应进行；同时会使过氧化氢发生分解，导致产物羧基含量减少。

七、思考题

1. 谈谈淀粉基内墙涂料的优势。

2. 请查阅文献，讨论pH对过氧化氢氧化淀粉反应的影响，在什么pH条件下（酸性或中性或碱性）有利于反应的进行？

3.3 化妆品配方产品实训

近几年随着中国经济的快速增长，我国化妆品消费也迅速崛起。2013 年中国超越日本成为世界第二大化妆品消费国，2017 年我国化妆品的市场规模已占到全球市场的 11.5%，仅次于美国的 18.5%。在人们越来越注重自身形象的时代，化妆品越来越成为一种刚性需求。据统计，2018 年底，全国化妆品零售额达 2619 亿元，2019 年全国化妆品零售额达到 2992 亿元，预测在 2023 年全国化妆品零售额将突破 4000 亿元，达到 4065 亿元左右。

近年来本土化妆品公司的市场份额逐年提高，根据中研普华的统计，排名前二十的企业中出现了上海家化、伽蓝集团、百雀羚、韩束、云南白药等多家本土企业。从市场前二十企业的占比来看，外资企业占据了 75%，本土企业只占据 25%。其中，前六名皆为外资品牌。详细排名见表 3-6。

表 3-6　2019 年我国化妆品市场前二十企业排名

排名	跨国企业	排名	本土企业
1	宝洁(广州)有限公司	11	上海家化联合股份有限公司
2	欧莱雅(中国)有限公司	12	安利(中国)有限公司
3	资生堂(中国)有限公司	13	高露洁(广州)有限公司
4	联合利华(中国)有限公司	14	好来化工(中山)有限公司
5	杭州玫琳凯化妆品公司	15	无极限(中国)有限公司
6	爱茉莉太平洋化妆品(上海)有限公司	16	完美(中国)有限公司
7	上海韩束化妆品有限公司	17	广州环亚化妆品科技有限公司
8	上海百雀羚日用化学有限公司	18	云南白药集团
9	伽蓝集团	19	LG 家庭保健有限公司
10	雅诗兰黛(上海)商贸有限公司	20	妮维雅(上海)有限公司

当前化妆品发展趋势主要体现在以下几个方面：

(1) 生物多肽护肤美容品

未来 6～10 年，主导美容护肤品市场的将是生物多肽护肤美容品，其中又以生物多肽护肤和现代高新科技相结合的新产品开发为热点。国外生物多肽护肤品年销售额已超过 160 亿美元，并以每年 30%～40%的速度增加。现在，不仅亚洲人对传统生物多肽护肤品的接受程度较高，美容的需求也在不断增加。

生物多肽护肤科技含量高、效果显著、操作简单方便，目前很多国外生物医学公司已经进入国内化妆品市场，例如润泉贝儿生物多肽护肤等品牌。生物多肽护肤将成为全球美容护肤品研发关注的焦点。欧莱雅、资生堂等国际大公司都已经或正准备启动生物多肽护肤项目，耗费巨资研发生物多肽护肤品。

(2) 抗污染类护肤品

近年来，为了应对汽车尾气、灰尘杂质、电脑辐射、外部毒素、工作压力、睡眠不足、生活不规律等问题，许多有远见的化妆品公司开始着手研发抗污染、抗紧张类护肤品。

(3) 无添加护肤品

“无添加”来源于日本，规定了102种不能添加到化妆品中，对皮肤构成敏感、损害的成分，以避免出现“香污染”“色污染”“油污染”，这已成为生产和消费的趋势。

但事实上，目前国内外对无添加并没有统一标准，但有一个原则，即必须具备4个主要特征：①不添加有害人体（皮肤）的物质，比如含汞的美白剂、激素成分等；②不添加没有确切功效成分的物质；③不添加纯度达不到要求的物质，因为达不到要求的物质会成为人体皮肤致敏源；④不添加多余的辅助材料。

(4) 绿色化妆品

目前，“绿色化学”的概念已经开始被一些化妆品公司所接受，并开始着手开展这方面的研究与实践。如欧莱雅的研究人员使用木糖——一种从山毛榉木中提取的天然糖分（一种可再生的原材料），研制用于皮肤护理的全新的活性成分。

实训5 洗发香波的配制

一、实训目标

1. 掌握配制洗发香波的原理，掌握配方中各组分的作用。
2. 能够根据实际需要，正确选择与设计洗发香波配方。

二、实训原理

香波是英文shampoo的译音，原意为洗发。由于洗后留有芳香，香波就成了洗发用品的称呼。洗发用品的种类很多，按产品形态分为块状、粉状、膏状和液体等。其中液体洗发香波是最常用的品种。

洗发香波的配方一般要考虑以下3个方面：①安全性，要求对眼睛、皮肤无刺激；②天然性，选用天然油脂加工而成的表面活性剂，以及选用有疗效的中草药或水果、植物的萃取液为添加剂；③调理性，同时具有洗发、护发的香波已经成为市场的流行品牌。

普通香波是指只具有去污、清洁功能的洗发用品。现代香波是集洗发、护发、养发于一体的多功能头发化妆品，其主要原料有：表面活性剂、增稠剂、去屑止痒剂、螯合剂、珠光剂、酸度调节剂、防腐剂、护发养发添加剂、香精、色素等。一般具有洗涤功能的表面活性剂占15%～20%，含量最多的是去离子水，可达75%左右。

洗发香波的主要原料是表面活性剂和一些添加剂。表面活性剂分主表面活性剂和辅助表面活性剂两类。主表面活性剂要求泡沫丰富，易扩散、易清洗，去污性强，并具有一定的调理作用；辅助表面活性剂要求具有增强、稳定泡沫的作用，头发洗后易梳理、易定型、快干、光亮，并有抗静电等功能，与主表面活性剂有良好的配伍性。

常用的主表面活性剂有：阴离子型的烷基醚硫酸盐和烷基苯磺酸盐；非离子型的烷基醇酰胺，如椰子油酸二乙醇酰胺等。常用的辅助表面活性剂有：阴离子型的油酰氨基酸钠（雷米邦）；非离子型的聚氧乙烯山梨醇酐单酯（吐温）；两性离子型的十二烷基二甲基甜菜碱等。

香波的添加剂中，增稠剂有烷基醇酰胺、聚乙二醇硬脂酸酯、羧甲基纤维素钠、氯化钠等。遮光剂或珠光剂有硬脂酸乙二醇酯、十八醇、十六醇、硅酸铝镁等。香精多为水果香型、花香型和草香型。最常用的螯合剂是乙二胺四乙酸二钠（EDTA-2Na）。常用的去头屑止痒剂有二硫化硒、吡啶硫铜锌等，滋润剂有液体石蜡、甘油、羊毛脂衍生物、硅酮等，还有胱氨酸、蛋白酸、水解蛋白和维生素等。防腐剂有对羟基苯甲酸酯、苯甲酸钠。

三、仪器及药品

1. 仪器：电炉、水浴锅、电动搅拌器、温度计、烧杯、量筒、托盘天平、玻璃棒、滴管、黏度计。

2. 药品：脂肪醇聚氧乙烯醚硫酸钠（AES，70%）、脂肪酸二乙醇酰胺（尼诺尔、6501，70%）、硬脂酸乙二醇酯、十二烷基苯磺酸钠（ABS-Na，30%）、十二烷基二甲基甜菜碱（BS-12，30%）、聚氧乙烯山梨醇酐单酯、羊毛脂衍生物、苯甲酸钠、柠檬酸、氯化钠、香精、色素。

四、实训步骤

1. 调理香波的配制

① 按表3-7配方组成及质量分数进行配制。量取去离子水，然后将去离子水加入250 mL烧杯中，水浴加热，保持水温60～65 ℃，加入脂肪醇聚氧乙烯醚硫酸钠（AES）并不断搅拌至全溶。

② 在连续搅拌下，向第一步获得的AES溶液中加入其他表面活性剂（尼诺尔、BS-12），待表面活性剂全部溶解后再加入羊毛脂衍生物或其他助剂，缓慢搅拌使其溶解，获得混合溶液。

③ 将②获得的混合溶液降温至40 ℃以下加入香精、防腐剂（苯甲酸钠）、色素等，搅拌均匀，测pH，用柠檬酸调节pH至5.5～7.0[注释1]。

④ 接近室温时加入增稠剂［氯化钠（食盐）］调节到所需黏度[注释2]，测定调理香波的黏度。

2. 珠光香波的配制

① 按表3-7所示质量分数，量取去离子水，然后将去离子水加入250 mL烧杯中，水浴加热，保持水温60～65 ℃，加入脂肪醇聚氧乙烯醚硫酸钠（AES）并不断搅拌至全溶。

② 在连续搅拌下，向①获得的AES溶液中加入羊毛脂衍生物、珠光剂（硬脂酸乙

二醇酯)[注释3] 或其他助剂，缓慢搅拌使其溶解，获得混合溶液。

③ 将②获得的混合溶液降温至 40 ℃以下加入香精、色素等，搅拌均匀，测 pH，用柠檬酸调节 pH 至 5.5～7.0。

④ 冷却至室温，测定珠光香波的黏度。

表 3-7 洗发香波的配方

成分	质量分数/%	
	调理香波	珠光香波
AES	1	9
尼诺尔	4	—
BS-12	6	—
硬脂酸乙二醇酯	—	2.5
柠檬酸	适量	适量
苯甲酸钠	1.0	—
氯化钠	1.5	—
色素	适量	适量
去离子水	加水至 100	加水至 100

本实训在实验条件允许的前提下，可按自己的设计配方进行。

五、实训结果与分析

观察产品的外观、颜色、气味、状态。可以试用产品的洗发效果。

六、注释

1. 用柠檬酸调节 pH 时，柠檬酸需配成质量分数为 50% 的溶液。

2. 用食盐增稠时，需配成质量分数为 20% 的溶液。食盐的加入量不得超过 3%。

3. 加硬脂酸乙二醇酯时，温度需控制在 60～65 ℃，慢速搅拌，缓慢冷却，否则体系无珠光。

七、思考题

1. 洗发香波配方组成的原则是什么？

2. 洗发香波配制的主要原料是什么？为什么必须控制 pH？

3. 可否用冷水配制洗发香波，如何配制？

实训 6　雪花膏的配制

一、实训目标

1. 掌握雪花膏配方原理，掌握配方中各组分的作用。

2. 掌握乳化原理，了解表面活性剂复配的规律。

二、实训原理

雪花膏颜色洁白，属于以阴离子型乳化剂为基础的 O/W（水包油）型乳化体，是一种非油腻性的护肤用品。敷用后，会在皮肤上留下一层薄膜，将皮肤与外界干燥空气隔离，防止皮肤表皮水分的过量挥发。

雪花膏的主要原料是硬脂酸、碱类、多元醇、水、白油、羊毛脂衍生物、防腐剂、香精等。在雪花膏的制备中，以硬脂酸与碱类发生中和反应生成的硬脂酸皂为乳化剂，将油、水两相混合乳化而成。被碱中和的硬脂酸占硬脂酸总加入量的15%～25%，剩下的75%～85%的硬脂酸仍是游离状态。

所用碱类有KOH、NaOH、氨水、硼砂、三乙醇胺和三异丙醇胺等。氨水、三乙醇胺有特殊气味，而且和某些香料混合使用容易变色，较少采用。

三、仪器及药品

1. 仪器：圆底烧瓶（100 mL）、三口烧瓶、回流冷凝管、滴液漏斗、温度计、电热套、电动搅拌机、减压蒸馏装置、抽滤装置、精密pH试纸。

2. 药品：氧化钙、丙酸、甘油、氢氧化钾、硬脂酸、单硬脂酸甘油酯、十六醇、白油、羊毛脂衍生物、香精、防腐剂（自制）等。

四、实训步骤

1. 防腐剂——丙酸钙的制备　水溶性食品防腐剂丙酸钙是白色结晶，无臭，微溶于乙醇，易溶于水。虽然其防腐作用较弱，但因它是人体正常代谢中间物，故使用安全。丙酸钙除主要用于面包和糕点的防霉之外，也可作为牙膏、化妆品的添加剂，起到良好的防腐作用。

将丙酸与氧化钙或碳酸钙反应即可制得丙酸钙，本实训按以下反应式制备：

$$CaO + H_2O \longrightarrow Ca(OH)_2$$

$$2CH_3CH_2COOH + Ca(OH)_2 \longrightarrow (CH_3CH_2COO)_2Ca + H_2O$$

在装有搅拌器、回流冷凝管和滴液漏斗的100 mL三口烧瓶中，加入6 mL蒸馏水和5.6 g（0.1 mol）氧化钙，搅拌使反应完全，然后在搅拌下由滴液漏斗缓慢滴加15 g（0.2 mol）丙酸。滴加完毕，取下滴液漏斗并装上温度计，温度计下端没入液面。升温至80～100 ℃并保温反应3～3.5 h（当反应液pH为7～8时即为反应终点），趁热过滤，得到丙酸钙水溶液。

将丙酸钙水溶液移入圆底烧瓶中并组成减压蒸馏装置，加热减压浓缩至有大量细小晶粒析出为止，冷却，抽滤（由于丙酸钙的水溶性较大，在过滤后的母液中仍有部分丙酸钙溶在其中，进一步浓缩可获得更多的产品），烘干，得到白色结晶的丙酸钙约15 g，收率约80%。

2. 水相的调制　在30 mL水[注释1]中，加入水溶性成分甘油、氢氧化钾[注释2]、硬脂酸，搅拌下加热至90～100 ℃，维持20 min左右灭菌，然后冷却至70～80 ℃待用。

3. 油相的调制　将固体油分单硬脂酸甘油酯、十六醇、白油加热使其溶解。然后加入防腐剂（自制丙酸钙）后，即可将第一步配制的水相加入，进行乳化。乳化均匀后，冷却至50 ℃以下，加入香精，充分搅拌冷至30 ℃即得成品。具体配方见表3-8。

表 3-8 雪花膏的配方

成分	质量分数/%
硬脂酸	14
单硬脂酸甘油酯	1.0
十六醇	1
白油	2
甘油	8
氢氧化钾	0.5
香精	适量
防腐剂(自制)	适量
水	余量

本实训在实验条件允许的前提下，可按自己的设计配方进行。

五、实训结果与分析

1. 记录色泽、性状、香气及擦在皮肤上的现象。

2. 测定 pH：称 1.0 g 样品，加 10 mL 无二氧化碳的蒸馏水，加热至 40 ℃搅匀，冷却至 25 ℃，用精密 pH 试纸测试。

六、注释

1. 水质对雪花膏的影响很大，最好采用蒸馏水，切忌用硬水来配制雪花膏。因为硬水中含有钙、镁离子，它们在雪花膏中与硬脂酸钾反应后，生成硬脂酸钙、硬脂酸镁及盐分。原来的一价钾离子所构成的硬脂酸钾为亲水性乳化剂，而新生成的二价硬脂酸钙或硬脂酸镁为亲油性乳化剂，从而造成乳化剂的不稳定，使膏体发粗。另外氯离子含量过高也会影响乳化体的稳定性，引起膏体出水，水中氯离子含量应控制在 300 mg/kg 以下。

2. 实验中使用碱的类型、用量、温度等都会对雪花膏性状产生影响。用氢氧化钠制出的膏体发硬；用纯碱或碳酸钾中和硬脂酸时有二氧化碳产生，膏体易产生气泡；用硼酸钠制出的膏体易产生颗粒；而用氢氧化钾制出的膏体最理想。

七、思考题

1. 配方中单硬脂酸甘油酯的作用是什么？

2. 为什么水质对雪花膏质量有很大的影响？

3.4 油品配方产品实训

润滑油一般由基础油和添加剂两部分组成。基础油是润滑油的主要成分，决定着润滑油的基本性质，添加剂则可弥补和改善基础油性能方面的不足，赋予某些新的性能，是润滑油的重要组成部分。

润滑油基础油主要分矿物基础油及合成基础油两大类。矿物基础油应用广泛，用量很大（约95%以上），但有些应用场合则必须使用合成基础油调配的产品，因而使合成基础油得到迅速发展。矿油基础油由原油提炼而成。润滑油基础油主要生产过程有：常减压蒸馏、溶剂脱沥青、溶剂精制、溶剂脱蜡、白土或加氢补充精制。

2009年修订了我国现行的润滑油基础油标准《通用润滑油基础油》（Q/SY44—2009），主要修改了分类方法，并增加了低凝和深度精制两类专用基础油标准。矿物型润滑油的生产，最重要的是选用最佳的原油。矿物基础油的化学成分包括高沸点、高分子量烃类和非烃类混合物。其组成一般为烷烃（直链、支链、多支链），环烷烃（单环、双环、多环），芳烃（单环芳烃、多环芳烃），环烷基芳烃以及含氧、含氮、含硫有机化合物和胶质、沥青质等非烃类化合物。

添加剂是近代高级润滑油的精髓，正确选用，合理加入，可改善其物理化学性质，赋予润滑油新的特殊性能，或加强其原来具有的某种性能，满足更高的要求。根据润滑油要求的质量和性能，精心选择添加剂，仔细平衡，进行合理调配，是保证润滑油质量的关键。一般常用的添加剂有：黏度指数改进剂、倾点下降剂、抗氧化剂、清净分散剂、摩擦缓和剂、油性剂、极压剂、消泡剂、金属钝化剂、乳化剂、防腐蚀剂、防锈剂、破乳化剂。

实训7　生物质环保润滑油的配制

一、实训目标

1. 掌握润滑油的配制原理，掌握配方中各组分的作用。
2. 掌握对配方进行改进的方法。

二、实训原理

润滑油主要用于汽车、船舶、农机等内燃机的润滑，既可以减少金属部件之间的摩擦，又能改进金属部件的亮度。以石油为原料的传统矿物润滑油存在生物降解性能差的问题，植物油脂在可降解润滑油中的应用越来越成为研究热点。

生物质环保润滑油主要原料为蓖麻油和菜籽油，二者的凝固点都在－10～18 ℃之间。冬季，在我国的南方使用该产品，无需添加降凝剂，在北方低于－10 ℃使用时必须添加降凝剂。氯化石蜡，不易挥发，具有良好的抗磨防锈性能。清净剂石油磺酸钠（或石油磺酸钙）主要作用为防腐防锈和防止不溶性聚合物的生成。抗氧化剂2,6-二叔丁基对甲酚，其作用是防止油脂酸败、变质和沉淀。黏度指数改进剂聚异丁烯改善润滑油随着温度升高黏度下降的缺点。降凝剂聚甲基丙烯酸酯降低润滑油的凝固点。消泡剂为聚丙烯酸酯。

制备出的生物质环保润滑油为有色透明液体，无毒性，无异味，黏度指数高，抗磨性强，完全具备矿物润滑油的功能。

三、仪器及药品

1. 仪器：三口烧瓶（250 mL）、温度计、电热套、电动搅拌机、抽滤装置。

2. 药品：蓖麻油、菜籽油、氯化石蜡、石油磺酸钙（钠）、2,6-二叔丁基对甲酚、聚异丁烯、聚甲基丙烯酸酯、聚丙烯酸酯等。

四、实训步骤

按表 3-9 所示比例将蓖麻油、菜籽油加入三口烧瓶中，搅拌混合均匀，加热升温至 120～130 ℃，恒温搅拌 30 min，除去油中的水分，观察没有水汽蒸出时自然冷却至 60～70 ℃，在不断搅拌下依次加入氯化石蜡、石油磺酸钙（钠）、2,6-二叔丁基对甲酚、聚异丁烯、聚甲基丙烯酸酯、聚丙烯酸酯，继续搅拌 60～90 min（转速 200 r/min）。搅拌混合均匀，然后冷却过滤后得到的滤液即为生物质环保润滑油。

表 3-9　生物质环保润滑油配方

成分	质量分数/%
蓖麻油	70
菜籽油	22
抗磨剂氯化石蜡	3.5
清净剂石油磺酸钙(或钠)	1
2,6-二叔丁基对甲酚	0.5
聚异丁烯	1
聚甲基丙烯酸酯	1
聚丙烯酸酯	1

实训在实验条件允许的前提下，可按自己的设计配方进行。

五、实训结果与分析

观察产品的外观、颜色、气味、状态。可以将产品在金属发动机上试用，观察润滑效果。

六、思考题

谈谈生物质环保润滑油配方中各组成的作用？

实训 8　水基润滑油的配制

一、实训目标

1. 掌握水基润滑油的配制原理，掌握配方中各组分的作用。

2. 掌握水基润滑油配方改进方法。

二、实训原理

水基润滑油主要用于齿轮等零部件的润滑，既可以减少金属部件之间的摩擦，又能改进金属部件的亮度。水基润滑剂的比热容和热导率都大于油基润滑剂，并且具有易于清洗、不易燃烧、廉价等优点，因此被广泛应用于金属加工和液压传动等领域。

水基润滑油主要原料为蓖麻油皂硼酸络合物、油酸三乙醇胺、自来水。黏度调节剂聚氧乙烯聚氧丙烯醚调节润滑油的黏度，满足润滑要求的性能指标。苯甲酸钠作为防腐剂，主要作用是抑制微生物的生长和繁殖，延长水基润滑油的保存时间。三嗪类杀菌剂一般指杀真菌剂。硅油类消泡剂可以减小表面张力，消泡、破泡，使得水基润滑油正常无泡使用。二聚酸盐类防锈剂可以在金属表面形成一层薄膜，防止金属与氧气和水接触，从而起到防锈的作用。

三、仪器及药品

1. 仪器：三口烧瓶（250 mL）、温度计、电热套、电动搅拌机。

2. 药品：蓖麻油、导热油、三乙醇胺、硼酸、油酸、三乙胺、聚氧乙烯聚氧丙烯醚、苯甲酸钠、三嗪类杀菌剂、硅油类消泡剂、二聚酸盐类防锈剂等。

四、实训步骤

1. 蓖麻油皂硼酸络合物的制备　将蓖麻油和自来水按比例加入三口烧瓶中进行搅拌，并用导热油加热，温度控制在 65～95 ℃之间；把三乙醇胺缓慢滴加到三口烧瓶中，整个过程需观察溶液外观，在外观达到透明清澈时停止加入，此为皂化反应的终点。然后加入硼酸，控制反应温度 80～90 ℃，pH 在 7.5～8.5 之间，反应后的产物液为透明的蓖麻油皂硼酸络合物的溶液。

2. 油酸三乙醇胺的制备　将油酸和三乙胺加入三口烧瓶中，搅拌并加热，当温度达到 120 ℃并且三口烧瓶中物料为透明时，停止加热，降温至 50 ℃以下。

3. 水基润滑油的配制　按表 3-10 所示比例，将蓖麻油皂硼酸络合物溶液和油酸三乙醇胺溶液加入三口烧瓶中，搅拌均匀，温度控制在 45～50 ℃，将水、杀菌剂、消泡剂、防腐剂和防锈剂依次加入三口烧瓶中，最后加入聚氧乙烯聚氧丙烯醚调节至指定的黏度，即为水基润滑油。

表 3-10　水基润滑油配方

成分	质量分数/%
蓖麻油皂硼酸络合物	14
油酸三乙醇胺	14
自来水	58
聚氧乙烯聚氧丙烯醚	4
苯甲酸钠	2.5
三嗪类杀菌剂	2.5
硅油类消泡剂	2.5
二聚酸盐类防锈剂	2.5

本实训在实验条件允许的前提下，可按自己的设计配方进行。

五、实训结果与分析

观察产品的外观、颜色、气味、状态。可以将产品在金属器械上试用，观察润滑效果。

六、思考题

谈谈水基润滑油配方中各组成的作用？

实训 9　燃气管道阀门润滑脂的配制

一、实训目标

1. 掌握润滑脂的配制原理，掌握配方中各组分的作用。

2. 掌握配方改进方法。

二、实训原理

燃气管道阀门润滑脂主要用于家用煤气设备阀门阀芯、调压器、高压阀门、加气机、潜液泵、输油输气管道等设备连结部位的润滑与密封。极佳的油膜强度，优良的密封润滑性，能有效防止阀门输送介质的泄漏；优异的耐天然气、石油液化气，耐水及水蒸气等介质的能力，与橡胶密封件相容性好。

燃气管道阀门润滑脂主要原料为氧化蓖麻油、癸二酸、12-羟基硬脂酸、氢氧化钡、碳酸钙（磷酸钙）、抗氧化剂二苯胺。基础油氧化蓖麻油具有良好的耐油性，碳酸钙填料具有良好的附着力，可提高燃气管道阀门润滑脂的密封性和黏附性。

三、仪器及药品

1. 仪器：三口烧瓶（250 mL）、温度计、电热套、电动搅拌机。

2. 药品：氧化蓖麻油、癸二酸、12-羟基硬脂酸、八水合氢氧化钡、碳酸钙（磷酸钙）、二苯胺。

四、实训步骤

按表 3-11 所示比例，分别称取氧化蓖麻油、癸二酸、12-羟基硬脂酸，并加入三口烧瓶中，搅拌均匀，加热升温至 85～95 ℃，缓慢加入八水合氢氧化钡，进行皂化反应，反应时间 4 h 左右，脱水升温至 160～170 ℃，持续 1 h 后停止加热，加入填料碳酸钙（磷酸钙），一边搅拌一边降温冷却至 100 ℃，加入二苯胺，搅拌均匀，降至室温出料，得到膏状固体即为燃气管道阀门润滑脂。

本润滑脂具有高滴点，优良的黏附性、抗水性和耐油性，可以满足燃气管道阀门润滑脂的使用要求。

表 3-11　燃气管道阀门润滑脂配方

成分	质量分数/%
氧化蓖麻油	53
癸二酸	4
12-羟基硬脂酸	9
八水合氢氧化钡	13
碳酸钙(磷酸钙)	20
二苯胺	1

本实训在实验条件允许的前提下，可按自己的设计配方进行。

五、实训结果与分析

观察产品的外观、颜色、气味、状态。可以将产品在燃气阀门上试用，观察润滑效果。

六、思考题

谈谈生物质环保润滑油中各组成的作用。

3.5　药物制剂实训

（1）药物制剂的研究意义

所谓药物制剂，从狭义上来讲，就是药物的剂型，如针剂、片剂、膏剂、汤剂等；从广义上来讲是药物制剂学，是一门学科。《中华人民共和国药品管理法》第二条关于药品的定义：是指用于预防、治疗、诊断人的疾病，有目的地调节人的生理机能并规定有适应证或者功能主治、用法和用量的物质，包括中药、化学药和生物制品等。药物制剂解决了药品的用法和用量问题。药物制剂对人类具有非常大的意义，起到重大的作用。药物制剂其实就在我们身边。如果我们感冒了，我们会吃一些感冒药，有的人吃的是胶囊的“康泰克”，有的人吃的是片状的“感康”，其实“胶囊”“片状”这就是药物制剂。药物制剂的作用一般分为两类。药物制剂能为患者减少痛苦，如把药做成糖衣片，可避免患者饱受苦涩的味道；药物制剂能使药物发挥其作为“药物”的作用和效果，如胰岛素是一种蛋白质，被人食用后会分解从而失去效用，但是把胰岛素做成针剂，注射到糖尿病患者的体内，将会对糖尿病患者起到治疗的作用。

选择合理的制剂剂型可以更好地发挥药物的疗效。同一药物的不同剂型，作用和用途可能有所不同。如硫酸镁溶液口服可以作为导泻剂，静脉注射可以作为抗惊厥的镇静药物。剂型能调节药物作用速度，可以根据临床需要，将药物制成不同的剂型，比如注射剂、气雾剂、舌下片（可用于急救，起效迅速）、缓释片和透皮贴剂（可延长作用时间，持续有效地发挥药效）等。

（2）药物制剂分类

① 按形态进行分类

a. 液体剂型（如溶液剂、注射剂等）；b. 固体剂型（如片剂、胶囊剂等）；c. 半固体剂型（如软膏剂、凝胶剂等）；d. 气体剂型（如气雾剂、喷雾剂等）。

② 按分散系统进行分类

a. 溶液型；b. 胶体溶液型；c. 乳状液型；d. 混悬液型；e. 气体分散型；f. 固体分散型。

③ 按给药途径进行分类

a. 经胃肠道给药的剂型；b. 不经胃肠道给药的剂型。

实训 10　维生素 K_3 的合成及片剂的制备

一、实训目标

1. 了解亚硫酸氢钠加成物在药物结构修饰中的作用和维生素 K_3 的制备方法。

2. 熟悉片剂制备的基本工艺过程，掌握湿法制粒压片的工艺过程。

3. 掌握片剂质量检查方法。

4. 能根据实际需要将氧化反应和加成反应运用到药物分子的合成当中，具备使用单冲压片机和片剂四用测定仪的能力。

二、实训原理

维生素 K_3 属于促凝血药，可以用于治疗维生素 K 缺乏所引起的出血性疾病，如新生儿出血、肠道吸收不良所致的维生素 K 缺乏及低凝血酶原血症等。维生素 K_3 中文别名为甲萘醌亚硫酸氢钠，化学结构式为：

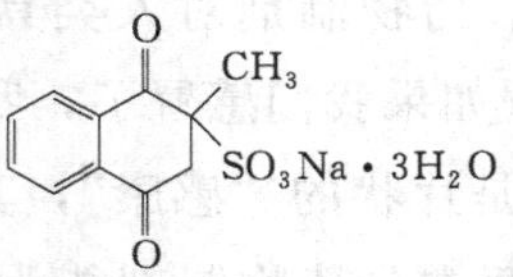

O, CH_3, $SO_3Na \cdot 3H_2O$, O

维生素 K_3 易溶于水和热乙醇，难溶于冰乙醇，不溶于苯和乙醚。常温下稳定，遇光易分解。高温分解为甲萘醌后对皮肤有强烈刺激，对酸性物质敏感。维生素 K_3 为白色或类白色结晶粉末，吸湿后结块。

合成路线如下：

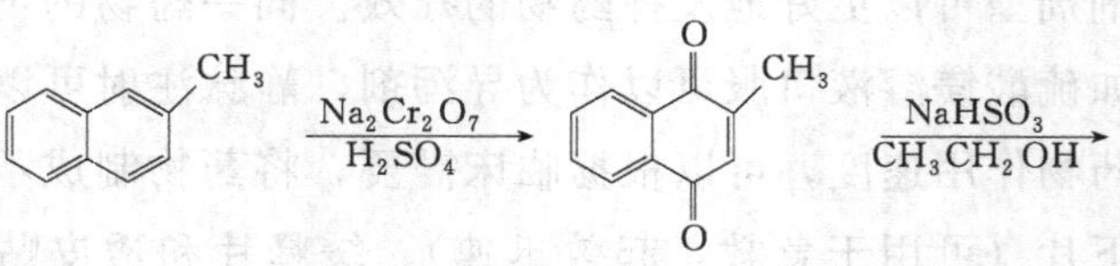

CH_3 $\xrightarrow[H_2SO_4]{Na_2Cr_2O_7}$ O, CH_3, O $\xrightarrow[CH_3CH_2OH]{NaHSO_3}$

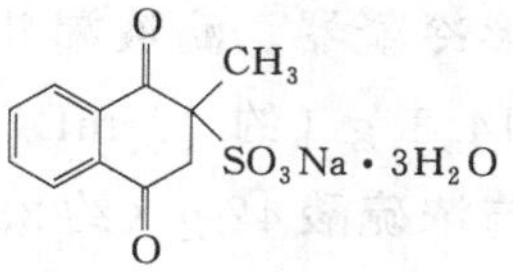

(chemical structure: 2-methyl-1,4-dioxo-1,2,3,4-tetrahydronaphthalene-2-sulfonate sodium, $SO_3Na \cdot 3H_2O$)

片剂系指药物与适宜的辅料均匀混合，通过制剂技术压制成片状的固体制剂。片剂由药物和辅料两部分组成。辅料是指片剂中除主药外一切物质的总称，亦称为赋形剂，为非治疗性物质。加入辅料的目的是使药物在制备过程中具有良好的流动性和可压性；有一定的黏结性；遇体液能迅速崩解、溶解、吸收而产生疗效。辅料应为“惰性物质”，性质稳定，不与主药发生反应，无生理活性，不影响主药的含量测定，对药物的溶出和吸收无不良影响。但是，实际上完全惰性的辅料很少，辅料对片剂的性质甚至药效有时可产生很大的影响，因此，要重视辅料的选择。片剂中常用的辅料包括填充剂、润湿剂、黏合剂、崩解剂及润滑剂等。

通常片剂的制备包括制粒压片法和直接压片法两种，前者根据制颗粒方法不同，又可分为湿法制粒压片和干法制粒压片，其中湿法制粒压片较为常用。湿法制粒压片适用于对湿热稳定的药物。其一般工艺流程如图 3-2 所示。

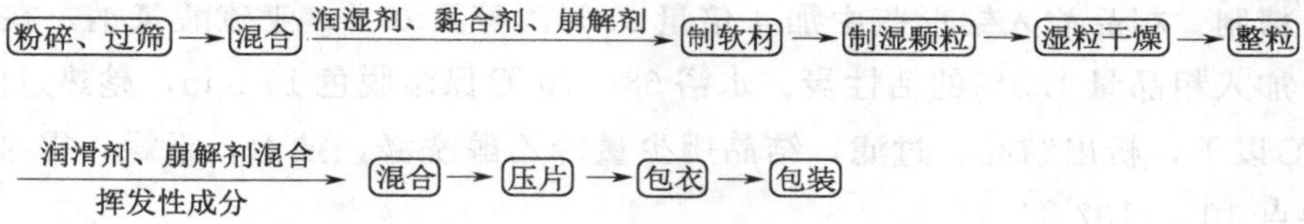

粉碎、过筛 → 混合 —润湿剂、黏合剂、崩解剂→ 制软材 → 制湿颗粒 → 湿粒干燥 → 整粒

—润滑剂、崩解剂混合 / 挥发性成分→ 混合 → 压片 → 包衣 → 包装

图 3-2　湿法制粒压片工艺流程

三、仪器及药品

1. 仪器：熔点仪、红外光谱仪、核磁共振仪、高分辨质谱仪、单冲式压片机、升降式崩解仪、片剂四用测定仪、分析天平、台式天平、烘箱、药筛（60 目）、尼龙筛（20 目）、搪瓷盘、乳钵、熔点仪、磁力搅拌器、振荡器、三口烧瓶、圆底烧瓶、温度计、球形冷凝器、烧杯、锥形瓶、布氏漏斗、滴液漏斗、水浴锅、滴管、橡皮管、药勺。

2. 药品：糊精、乳糖、淀粉、酒石酸、乙醇、硬脂酸镁、β-甲基萘、重铬酸钠、浓硫酸、丙酮、亚硫酸氢钠、乙醇、活性炭。

四、实训步骤

1. 维生素 K_3 的合成

(1) 甲萘醌的制备

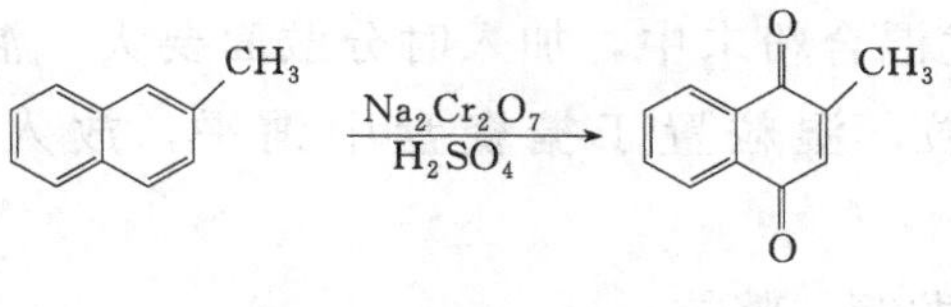

(reaction scheme: 2-methylnaphthalene $\xrightarrow[H_2SO_4]{Na_2Cr_2O_7}$ 2-methyl-1,4-naphthoquinone)

在附有搅拌器、温度计、球形冷凝器、滴液漏斗的 250 mL 三口烧瓶中，加入 β-甲基萘 7 g（0.049 mol）、丙酮 14.1 g（约 18 mL），搅拌至溶解。将重铬酸钠 35g（0.117 mol）溶于 53 mL 水中，与浓硫酸 42 g（约 23 mL）混合后，于 38～40 ℃慢慢滴加至反应瓶中，加毕，于 40 ℃反应 30 min，然后将水浴温度升至 60 ℃反应 1 h。趁热将反应物倒入大量水中，使甲萘醌完全析出，过滤，结晶，用水洗三次，压紧，抽干。

(2) 维生素 K_3 的制备

$$\text{2-甲基-1,4-萘醌 } (CH_3) \xrightarrow[CH_3CH_2OH]{NaHSO_3} \text{产物 } (CH_3,\ SO_3Na \cdot 3H_2O)$$

安装恒温、搅拌装置、100 mL 三口烧瓶和球形冷凝器后，向反应瓶中加入甲萘醌湿品、亚硫酸氢钠 4.4 g（溶于 7 mL 水中），于水浴 38～40 ℃搅拌均匀，再加入 95%乙醇 11 mL，搅拌 30 min，冷至 10 ℃以使结晶析出，过滤，结晶用少许冷乙醇洗涤，抽干，得维生素 K_3 粗品。

(3) 精制　粗品放入锥形瓶中加 4 倍量 95%乙醇及 0.3 g 亚硫酸氢钠，在 70 ℃以下溶解，加入粗品量 1.5%的活性炭。水浴 68～70 ℃保温脱色 15 min，趁热过滤，滤液冷至 10 ℃以下，析出结晶，过滤，结晶用少量冷乙醇洗涤，抽干，干燥，得维生素 K_3 纯品。熔点 105～107 ℃。

(4) 结构表征

① 红外吸收光谱测定、标准物 TLC 对照；

② ^{1}H-NMR、^{13}C-NMR 表征；

③ 高分辨质谱分析。

2. 维生素 K_3 片剂的制备

(1) 片剂的制备　片剂的配方如表 3-12 所示，其制备步骤如下：

① 称取乳糖 4 g，研磨，过 60 目筛，制成糖粉。

② 称取糊精 6 g，置于乳钵中，研匀，过 60 目筛，随后与①中糖粉混匀。

③ 称取维生素 K_3 10 g，置乳钵中，研匀，按等体积递增法与步骤②中的辅料研磨，并混合均匀。

④ 另将 0.2 g 酒石酸溶于 2 mL 50%乙醇中，一次加入上述混合粉末中，加入时分散面要大，混合均匀。

⑤ 取适量 50%乙醇（50%乙醇用量以用手紧握成团而不黏手，手指轻压能裂开为准）分次继续加入上述混合粉末中，加入时分散面要大，混合均匀，制成软材，通过 20 目尼龙筛制成湿粒，湿粒置于搪瓷盘中铺平，放入烘箱于 60 ℃以下干燥 60 min。

⑥ 干颗粒过 20 目尼龙筛，整粒。

⑦ 最后压片，将制得的过筛整粒后的干颗粒，加硬脂酸镁 0.15 g，混合均匀后压片。

表 3-12　维生素 K_3 片剂配方（200 片量）

成分	质量/g
维生素 K_3	10
糊精	6
乳糖	4
酒石酸	0.2
50%乙醇(体积分数)	适量
硬脂酸镁	0.15

（2）片剂的质量检查

① 查阅《中华人民共和国药典》（2020 年版）“制剂通则”中的片剂内容。

② 外观检查。取样品 10 片，平铺于白底板上，置于 75 W 光源下 60 cm 处，距离片剂 30 cm，以肉眼观察 30 s。检查结果应符合下列规定：完整光洁，色泽一致；80～120 目色点应＜5%，麻面＜5%，中药粉末片除个别外应＜10%，并不得有严重花斑及特殊异物；包衣中的畸形片不得超过 0.3%。

（3）重量差异限度检查[注释1]　取药片 20 片，精密称量总重量，求得平均片重后，再分别精密称定各片的重量，每片重是与平均片重相比较，超出重量差异限度的药片不得多于 2 片，并不得有 1 片超出重量差异限度的 1 倍。检查结果填入表 3-13。

表 3-13　重量差异限度检查表

<table>
<tr><td rowspan="2">每片重/g</td><td></td><td></td><td></td><td></td><td></td><td></td><td></td><td></td><td></td><td colspan="2"></td></tr>
<tr><td></td><td></td><td></td><td></td><td></td><td></td><td></td><td></td><td></td><td colspan="2"></td></tr>
<tr><td>总重/g</td><td colspan="2">平均片重/g</td><td colspan="2">重量差异限度</td><td colspan="2">超限的片数</td><td colspan="2">超限 1 倍的片数</td><td colspan="2">结论</td></tr>
<tr><td></td><td colspan="2"></td><td colspan="2"></td><td colspan="2"></td><td colspan="2"></td><td colspan="2"></td></tr>
</table>

（4）崩解时限检查[注释2]

① 安装并检查装置与《中华人民共和国药典》（2020 年版）中规定是否一致。

② 取药片 6 片，分别置于六管吊篮的玻璃管中，每管各加 1 片，准备工作完成后，进行崩解时限测定，各片均应在 15 min 内全部溶散或崩解成碎片粒，并通过筛网。如残存有小颗粒不能全部通过筛网时，应另取 6 片复试，并在每管加入药片后随即加入挡板各 1 块，按上述方法检查，应在 15 min 内全部通过筛网。

（5）硬度检查[注释3]

① 指压法　取药片置中指和食指之间，以拇指用适当的力压向药片中心部位，如立即分成两片，则表示硬度不够。

② 自然坠落法　取药片 10 片，于 1 m 高处平坠于 2 cm 厚的松木板上，以碎片不超

过 3 片为合格，否则应另取 10 片重新检查，本法对缺角不超过全片 1/4 的药片，不作碎片论。

③ 片剂四用测定仪　开启电源开关，检查硬度指针是否位于零位。将硬度盒盖打开，夹住被测药片。将倒顺开关置于“顺”的位置，将选择开关拨至硬度挡。硬度指针左移，压力逐渐增加，药片碎时自动停机，此时的刻度值即为硬度值（kg），随后将倒顺开关拨至“倒”的位置，指针退到零位。

(6) 脆碎度检查[注释4]　取 20 片药片，精密称定总重量，放入振荡器中振荡，到规定时间后取出，用筛子筛去细粉和碎粒，称重后计算脆碎度[注释5]。

五、实训结果与分析

记录实验数据并计算结果。

六、注释

1. 片剂重量差异限度如表 3-14 所示。

表 3-14　片剂重量差异限度

片剂的平均重量/g	重量差异限度/%
0.30 以下	±7.5
0.30 或 0.30 以上	±5

注：只需要保留小数点后两位。

2. 崩解时限检查严格按仪器的操作规程使用；各类片剂的崩解时限见表 3-15。

表 3-15　各类片剂崩解时限

片剂类别	崩解时限/min
压制片	15
中草药浸膏片	45
糖衣片	60
薄膜衣片	30
泡腾片	5

3. 一般片剂硬度要求 8～10 kgf/cm^2（1 kgf/cm^2 = 98. 0665 Pa），中药片要求在 4 kgf/cm^2 以上；测定硬度也可用孟山都硬度计。

4. 片剂四用测定仪测脆碎度方法：打开脆碎盒，取出脆碎盒并放入药片，将选择开关拨至脆碎位置，进行脆碎测试。测完拨回空挡。关闭电源开关。

5. 脆碎度计算方法

$$脆碎度=\frac{细粉和碎粒的质量}{原药片总质量}\times 100\%$$

$$=\frac{原药片总质量-测试后药片质量}{原药片总质量}\times 100\%$$

一般要求 1h 的脆碎度不得超过 0.8%。

七、思考题

1. 氧化反应中为何要控制反应温度，温度高了对产品有何影响？

2. 合成实验中硫酸与重铬酸钠属于哪种类型的氧化剂？药物合成中常用的氧化剂有哪些？

3. 50%乙醇（体积分数）的加入量以多少合适？

4. 简述片剂制备的主要方法及湿法制粒压片的一般过程。

实训 11　二氢吡啶钙通道阻滞剂的合成及胶囊剂的制备

一、实训目标

1. 了解硝化反应以及环合反应的种类、特点及操作条件。

2. 掌握硬胶囊剂的制备过程及手工填充硬胶囊的方法。

3. 能根据实际需要将硝化反应和环合反应应用于药物的制备当中，具备胶囊手工填充的能力。

二、实训原理

二氢吡啶钙通道阻滞剂具有很强的扩张血管作用，适用于冠状动脉痉挛、高血压、心肌梗死等症。本品化学名为1,4-二氢-2,6-二甲基-4-（3-硝基苯基）-吡啶-3,5-二羧酸二乙酯，化学结构式为：

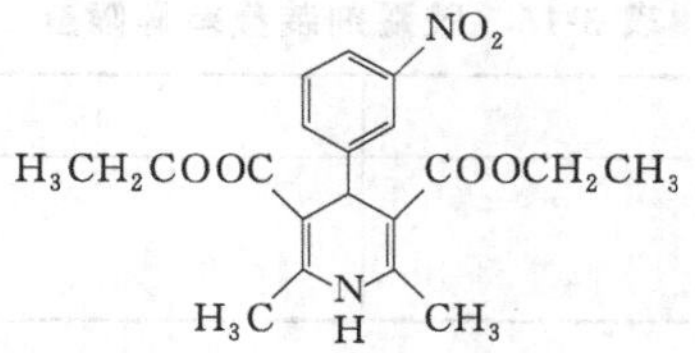

$$NO_2;\ H_3CH_2COOC;\ COOCH_2CH_3;\ H_3C;\ N;\ H;\ CH_3$$

本品为黄色、无臭、无味的结晶粉末，熔点162～164 ℃，无吸湿性，极易溶于丙酮、二氯甲烷、氯仿，溶于乙酸乙酯，微溶于甲醇、乙醇，几乎不溶于水。

合成路线如下：

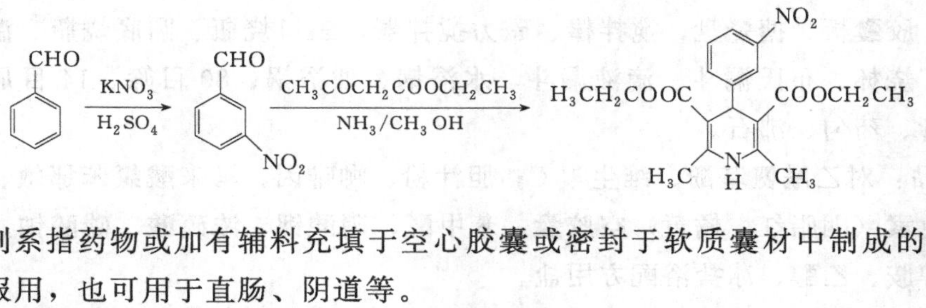

$$\text{CHO} \xrightarrow[H_2SO_4]{KNO_3} \text{CHO},\ NO_2 \xrightarrow[NH_3/CH_3OH]{CH_3COCH_2COOCH_2CH_3} NO_2;\ H_3CH_2COOC;\ COOCH_2CH_3;\ H_3C;\ N;\ H;\ CH_3$$

胶囊剂系指药物或加有辅料充填于空心胶囊或密封于软质囊材中制成的固体制剂。主要供口服用，也可用于直肠、阴道等。

空胶囊的主要材料为明胶，也可用甲基纤维素、海藻酸盐类、聚乙烯醇、变性明胶及其他高分子化合物，以改变胶囊的溶解性或达到肠溶的目的。

根据胶囊剂的硬度与溶解和释放特性，胶囊剂可分为硬胶囊与软胶囊、肠溶胶囊和缓释胶囊。

硬胶囊剂的一般制备工艺流程为：

(1) 空胶囊与内容物准备　空胶囊分上下两节，分别称为囊帽与囊体。空胶囊根据有无颜色，分为无色透明、有色透明与不透明三种类型；根据锁扣类型，分为普通型与锁口型两类；根据大小，分为000、00、0、1、2、3、4、5号八种规格，其中000号最大，5号最小。

内容物可根据药物性质和临床需要制备成不同形式，主要有粉末、颗粒和微丸三种形式。

(2) 充填空胶囊　大量生产可用全自动胶囊充填机或半自动胶囊填充剂充填药物，填充好的药物使用胶囊抛光机清除吸附在胶囊外壁上的细粉，使胶囊光洁。

小量试制可用胶囊充填板或手工充填药物，充填好的胶囊用洁净的纱布包起，轻轻搓滚，使胶囊光亮。

(3) 质量检查　充填的胶囊进行含量、崩解时限、装量差异、水分、微生物限度等项目的检查。

胶囊剂的装量差异检查方法为：取供试品20粒，分别精密称定质量后，倾出内容物，硬胶囊用小刷或其他适宜的用具拭净；再分别精密称定囊壳质量，求出每粒内容物的装量与平均装量。按规定，超出装量差异限度的不得多于2粒，并不得有1粒超出限度1倍。胶囊剂装量差异限度见表3-16。

表3-16　胶囊剂装量差异限度

平均装量/g	装量差异限度/%
0.3以下	±10
0.3及0.3以上	±7.5

(4) 包装及贴标签　质量检查合格后，定量分装于适当的洁净容器中，加贴符合要求的标签。

三、仪器及药品

1. 仪器：熔点仪、红外光谱仪、核磁共振仪、高分辨质谱仪、台式天平、分析天平、乳钵、胶囊板、搪瓷盘、搅拌棒、磁力搅拌器、三口烧瓶、圆底烧瓶、温度计、球形冷凝器、烧杯、布氏漏斗、滴液漏斗、水浴锅、油浴锅、80目筛、14目尼龙筛、滴管、橡皮管、药勺、沸石。

2. 药品：对乙酰氨基酚、维生素C；胆汁粉、咖啡因、马来酸氯苯那敏、10%淀粉浆、食用色素（胭脂红、橘黄）空胶囊、苯甲醛、硝酸钾、浓硫酸、碳酸钠、乙酰乙酸乙酯、甲醇胺、乙醇、冰盐浴配方用盐。

四、实训步骤

1. 二氢吡啶钙通道阻滞剂的合成

（1）硝化

$$C_6H_5CHO \xrightarrow[H_2SO_4]{KNO_3} 3\text{-}NO_2C_6H_4CHO$$

在装有搅拌棒、温度计和滴液漏斗的250 mL三口烧瓶中，将11 g硝酸钾溶于40 mL浓硫酸中。用冰盐浴冷至0 ℃以下，在强烈搅拌下，慢慢滴加苯甲醛10 g（在60～90 min左右滴完），滴加过程中控制反应温度在0～2 ℃之间。滴加完毕，控制反应温度在0～5 ℃之间继续反应90 min。将反应物慢慢倾入约200 mL冰水中，边倒边搅拌，析出黄色固体，抽滤。滤渣移至乳钵中，研细，加入5%碳酸钠溶液20 mL（由1 g碳酸钠加20 mL水配成）研磨5 min，抽滤，用冰水洗涤7～8次，压干，得间硝基苯甲醛，自然干燥，测熔点（56～58 ℃），称重，计算收率。

（2）环合

$$3\text{-}NO_2C_6H_4CHO \xrightarrow[NH_3/CH_3OH]{CH_3COCH_2COOCH_2CH_3} \text{(4-(3-硝基苯基)-2,6-二甲基-1,4-二氢吡啶-3,5-二甲酸二乙酯: } H_3CH_2COOC, COOCH_2CH_3, H_3C, CH_3, NH, NO_2)$$

在装有球形冷凝器的100 mL圆底烧瓶中，依次加入间硝基苯甲醛5 g、乙酰乙酸乙酯9 mL、新配制的甲醇胺饱和溶液30 mL及几粒沸石，油浴加热回流5 h，然后改为蒸馏装置，蒸出甲醇至有结晶析出为止，抽滤，结晶用20 mL 95%乙醇洗涤，压干，得黄色结晶性粉末，干燥，称重，计算收率。

（3）精制　粗品以95%乙醇（5 mL/g）重结晶，干燥，测熔点，称重，计算收率。

（4）结构表征

① 红外吸收光谱测定、标准物TLC对照；

② ^{1}H-NMR、^{13}C-NMR表征；

③ 高分辨质谱分析。

2. 胶囊剂的制备

（1）速效感冒胶囊剂成品的制备　按表3-17配方，共制成硬胶囊剂1000粒。

表3-17　速效感冒胶囊剂配方

成分	质量/g	成分	质量/g
对乙酰氨基酚(代替钙通道阻滞剂)	300	马来酸氯苯那敏	3
维生素C	100	10%淀粉浆	适量
胆汁粉	100	食用色素	适量
咖啡因	3		

注：考虑到药品用量、经济性和是否常见等因素选用对乙酰氨基酚代替钙通道阻滞剂，达到掌握胶囊剂制备的目的。

制备步骤如下：

① 取上述各药物，分别粉碎，过 80 目筛；

② 将 10%淀粉浆分为 A、B、C 三份，A 加入少量食用胭脂红制成红糊，B 加入少量食用橘黄（最大用量为万分之一）制成黄糊，C 不加色素为白糊；

③ 将对乙酰氨基酚分为三份，一份与马来酸氯苯那敏混匀后加入红糊，一份与胆汁粉、维生素 C 混匀后加入黄糊，一份与咖啡因混匀后加入白糊，分别制成软材后，过 14 目尼龙筛制粒，于 70 ℃干燥至水分 3%以下；

④ 将上述三种颜色的颗粒混合均匀后，按手工填充药物或者胶囊板填充药物的方法填入空胶囊中，即得。空心胶囊编号及规格见表 3-18。

表 3-18　空心胶囊的编号、质量和容积

编号	000	00	0	1	2	3	4	5
质量/mg	162	142	92	73	53.3	50	40	23.3
容积/ mL	1.37	0.95	0.68	0.50	0.37	0.30	0.21	0.13

（2）手工填充药物　将上述三种颜色的颗粒混合均匀，先将混匀后的固体药物置于纸或玻璃板上，厚度约为下节胶囊高度的 1/4～1/3，然后手持下节胶囊，口向下插入粉末，使粉末嵌入胶囊内，如此压装数次至胶囊被填满，使达到规定质量，将上节胶囊套上。在填装过程中所施压力应均匀，并应随时称重，使每一胶囊装量准确。

取药物平铺于搪瓷盘中，直径大约 2 cm，捏取囊体切口朝下插进物料层，反复多次，直至装满囊体，套上囊帽即可。

（3）胶囊板填充药物　采用有机玻璃制成的胶囊板填充。板分上下两层，上层有数百孔洞。先将囊帽、囊身分开，囊身插入胶囊板孔洞中，调节上下层距离，使胶囊口与板面相平。将颗粒铺于板面，轻轻振动胶囊板，使颗粒填充均匀。填满每个胶囊后，将板面多余颗粒扫除，顶起囊身，套合囊帽，取出胶囊，即得。

3. 胶囊剂的质量检查

① 外观：表面光滑、整洁，不得有粘连、变形或破裂，无异臭。

② 装量差异检查应符合规定，检查方法如下：取供试品 20 粒，分别精密称定质量后，倾出内容物（不能损失囊壳），硬胶囊壳用小刷或其他适宜的用具（如棉签等）拭净，再分别精密称定囊壳质量，求得每粒内容物装量与平均装量。每粒装量与平均装量相比较，超出装量差异限度的胶囊不得多于 2 粒，并不得有 1 粒超出装量差异限度的 1 倍。

用分析天平称取每一个胶囊质量作装量差异检查，结果填入表 3-19 中。

表 3-19　检查结果记录

每粒装量/g												
平均装量______g			装量差异限度______%			合格范围______g			不得有一粒超过______g			
						超限的有______粒			超限 1 倍的有______粒			
结论												

$$装量差异=\frac{每粒装量-平均装量}{平均装量}\times 100\%$$

五、实训结果与分析

记录实验数据并计算结果。

六、注意事项

1. 一般采用试装掌握装量差异程度，使接近《中华人民共和国药典》(2020 年版)规定的范围。

2. 胶囊剂制备过程中必须保持清洁，玻璃板、药勺、指套等用前须用酒精消毒。

七、思考题

1. 试阐述环合反应的机理。

2. 甲醇胺饱和溶液应新鲜配制，为什么？

3. 填充硬胶囊剂时应注意哪些问题？

4. 哪些药物不适于制成胶囊剂？

实训 12　水杨酰苯胺的合成及片剂的制备

一、实训目标

1. 掌握水杨酰苯胺的药用价值及酚酯化和酰胺化的反应原理。

2. 初步掌握湿法制粒压片的过程和技术，熟悉单冲压片机的调试，能正确使用单冲压片机。

3. 能根据实际的反应条件，熟练搭建反应装置，完成目标产物的构建，具备制备已有处方片剂的能力。

二、实训原理

水杨酰苯胺为水杨酸类解热镇痛药，用于发热、头痛、神经痛、关节痛及活动性风湿病，作用较阿司匹林强，副作用小。水杨酰苯胺化学名为邻羟基苯甲酰苯胺，化学结构式为：

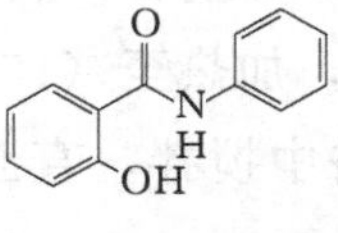

水杨酰苯胺为白色结晶性粉末，几乎无臭，微溶于冷水，略溶于乙醚、氯仿、丙二醇，易溶于碱性溶液，熔点 135.8～136.2 ℃。

合成路线如下：

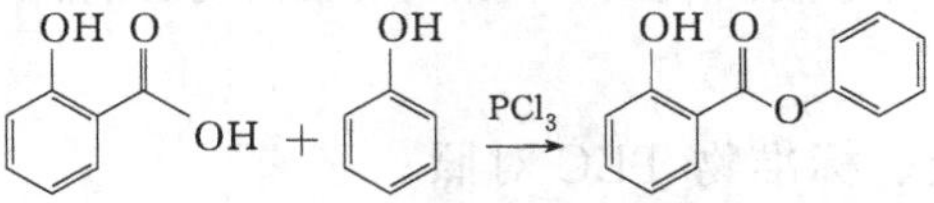

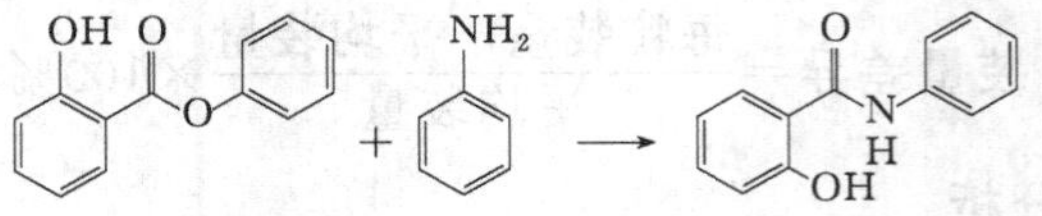

三、仪器及药品

1. 仪器：熔点仪、红外光谱仪、核磁共振仪、高分辨质谱仪、单冲压片机、片剂四用测定仪、60 目筛、14 目筛、10 目筛、天平、磁力搅拌器、三口烧瓶、圆底烧瓶、温度计、球形冷凝器、烧杯、布氏漏斗、滴液漏斗、油浴锅、水浴锅、滴管、橡皮管、药勺。

2. 药品：糖粉、糊精、淀粉、乙醇、硬脂酸镁、邻羟基苯甲酸、苯酚、水杨酸、三氯化磷、苯胺、EDTA、活性炭。

四、实训步骤

1. 水杨酰苯胺的合成

(1) 水杨酸苯酯的制备

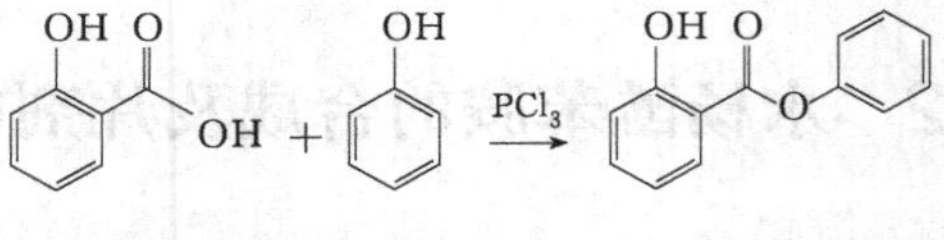

在干燥的 100 mL 三口烧瓶中安装搅拌器、温度计和球形冷凝器，依次加入苯酚 5 g，水杨酸 7 g，油浴加热使熔融，控制油浴温度在 (140±2) ℃之间，通过滴液漏斗缓缓加入三氯化磷 2 mL，此时有氯化氢气体产生。在冷凝器上端接一排气管，尾管接进水槽中，三氯化磷加毕，维持油浴温度在 (140±2) ℃之间，反应 2 h，趁热搅拌下倾入 50 mL 水 (50 ℃) 中，于冰水浴中不断搅拌，直至固化，过滤、水洗，得粗品[注释1]。

(2) 水杨酰苯胺的制备

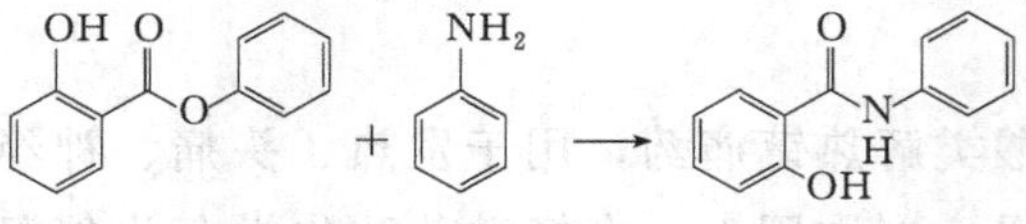

将上步制得的水杨酸苯酯，投入 25 mL 圆底烧瓶，油浴加热至 120 ℃，使熔融，不时摇动圆底烧瓶，并在此温度维持 5 min 左右，然后按 1 g 水杨酸苯酯加 0.45 mL 苯胺的比例，加入苯胺，安装回流冷凝器，加热至 (160±5) ℃，反应 2 h，温度稍降后，趁热倾入 30 mL 85%乙醇中，置冰水浴中搅拌，直至结晶析出，过滤，用 85%乙醇洗两次，干燥，得粗品。

(3) 精制　取粗品，投入附有回流冷凝器的圆底烧瓶中，加 4 倍量的 95%乙醇，在 60 ℃水浴中，使之溶解，加少量活性炭及 EDTA 脱色 10 min[注释2]，趁热过滤，冷却，过滤。用少量乙醇洗两次（母液回收），干燥得本品。测熔点，计算收率。

(4) 结构表征

① 红外吸收光谱测定、标准物 TLC 对照；

② ^1H-NMR、^{13}C-NMR 表征；

③ 高分辨质谱分析。

2. 片剂的制备

（1）片剂成品的制备　按表 3-20 所示配方[注释3]，配制 100 片水杨酰苯胺片剂。

表 3-20　水杨酰苯胺片剂配方

成分	质量	成分	质量
水杨酰苯胺/g	1.0	淀粉/g	5.0
糖粉/g	3.3	50%乙醇/ mL	2.2
糊精/g	2.3	硬脂酸镁/g	0.06

制备步骤如下：

取水杨酰苯胺与糖粉、糊精和淀粉以等量递加法混匀，然后过 60 目筛两次，使其色泽均匀，再用喷雾法加入乙醇，迅速搅拌并制成软材，过 14 目筛制粒，湿粒在 60 ℃下烘干，干粒过 10 目筛整粒，加入硬脂酸镁混匀后，称重，计算片重[注释4]，开始压片，经调节片重和压力后，使之符合要求，即可正式压片。

（2）片剂的质量检查　片剂质量检查的具体内容和操作方法详见实训 10。依据实训 10 所述，进行片剂的质量检查，包括外观、重量差异限度、崩解时限、硬度和脆碎度。

五、实训结果与分析

记录实验数据并计算结果。

六、注释

1. 本实验先合成水杨酸苯酯，然后再将苯胺酰化，而不是直接用水杨酸酰化。这是因为，氨基中的氮原子的亲核能力较羟基的氧原子强，一般可用羧酸或羧酸酯为酰化剂，而酯基中则以苯酯最活泼，且避免了羧酸与氨基化合物成盐的问题，因此羧酸酯类作为酰化剂常被应用。

2. 产品精制需加少量 EDTA，因为酚羟基易受金属离子催化氧化，使产品带有颜色。加入 EDTA 的目的是络合掉金属离子，防止产品氧化着色。

3. 水杨酰苯胺为主药，其含量仅占片重的 10%，因此可代表含微量药物的片剂。糖粉和糊精为干燥黏合剂，淀粉为稀释剂和崩解剂，乙醇为润湿剂，硬脂酸镁为润滑剂。水杨酰苯胺与赋形剂必须充分混匀，否则压成的片剂可能出现色斑等现象。因季节、地区不同，所加乙醇量应相应变化，也就是温度高可稍增加一些，温度低则用醇量可稍减一些。

4. 片重计算：

$$片重=\frac{干颗粒重+压片前加入的赋形剂重}{应压片总片数}$$

七、思考题

1. 水杨酰苯胺的合成，可否用水杨酸直接酯化？

2. 产品精制时，为什么要在60 ℃使之溶解？脱色时为什么要加入少量EDTA？

3. 本片剂能否用滑石粉作润滑剂？为什么？可能出现哪些问题？

4. 在制湿粒前为什么要过两次60目筛？如不过筛可能出现什么问题？

5. 糖衣中，薄膜衣片、浸膏片或肠溶衣片崩解时限的检查方法是否完全相同？

实训13　盐酸普鲁卡因的合成及胶囊剂的制备

一、实训目标

1. 通过局部麻醉药盐酸普鲁卡因的合成，学习酯化、还原等单元反应。

2. 掌握利用水和二甲苯共沸脱水的原理进行羧酸的酯化操作。

3. 能根据实际需要将酯化反应和铁/盐酸还原方法运用于药物的制备当中，具备制备胶囊剂的能力。

二、实训原理

盐酸普鲁卡因为局部麻醉药，作用强，毒性低。临床上主要用于浸润、脊椎及传导麻醉。盐酸普鲁卡因化学名为对氨基苯甲酸-2-（二乙氨基）乙酯盐酸盐，化学结构式为：

$$H_2N-C_6H_4-COOCH_2CH_2N(C_2H_5)_2 \cdot HCl$$

盐酸普鲁卡因

盐酸普鲁卡因为白色细微针状结晶或结晶性粉末，无臭，味微苦而麻。熔点153～157 ℃。易溶于水，溶于乙醇，微溶于氯仿，几乎不溶于乙醚。

合成路线如下：

$$O_2N-C_6H_4-COOH \xrightarrow[\text{二甲苯}]{HOCH_2CH_2N(C_2H_5)_2} O_2N-C_6H_4-COOCH_2CH_2N(C_2H_5)_2 \xrightarrow{Fe/HCl}$$

$$H_2N-C_6H_4-COOCH_2CH_2N(C_2H_5)_2 \cdot HCl \xrightarrow{20\%NaOH} H_2N-C_6H_4-COOCH_2CH_2N(C_2H_5)_2$$

$$\xrightarrow{\text{浓盐酸}} H_2N-C_6H_4-COOCH_2CH_2N(C_2H_5)_2 \cdot HCl$$

三、仪器和药品

1. 仪器：熔点仪、红外光谱仪、核磁共振仪、高分辨质谱仪、台式天平、分析天平、乳钵、胶囊板、搪瓷盘、磁力搅拌器、三口烧瓶、圆底烧瓶、温度计、球形冷凝器、分水器、烧杯、布氏漏斗、水浴锅、油浴锅、锥形瓶、滴管、橡皮管、药勺。

2. 药品：硫酸阿托品、胭脂红、乳糖、空胶囊、对硝基苯甲酸、β-二乙氨基乙醇、二甲苯、氢氧化钠、铁粉、盐酸、活性炭、硫化钠、止爆剂、精制食盐、保险粉。

四、实训步骤

1. 盐酸普鲁卡因的合成

(1) 对硝基苯甲酸-β-二乙氨基乙酯（俗称硝基卡因）的制备

$$O_2N-C_6H_4-COOH \xrightarrow[\text{二甲苯}]{HOCH_2CH_2N(C_2H_5)_2} O_2N-C_6H_4-COOCH_2CH_2N(C_2H_5)_2$$

在装有温度计、分水器及回流冷凝器的 500 mL 三口烧瓶中，投入对硝基苯甲酸 20 g、β-二乙氨基乙醇 14.7 g、二甲苯 150 mL 及止爆剂，油浴加热至回流（注意控制温度，油浴温度约为 180 ℃，内温约为 145 ℃），共沸带水 6 h[注释1,2]。撤去油浴，稍冷[注释3]，将反应液倒入 250 mL 锥形瓶中，放置冷却，析出固体。将上清液用倾泻法转移至减压蒸馏烧瓶中，水泵减压蒸除二甲苯，残留物以 140 mL 3%盐酸溶解，并与锥形瓶中的固体合并，过滤，除去未反应的对硝基苯甲酸[注释4]，滤液（含硝基卡因）备用。

(2) 对氨基苯甲酸-β-二乙氨基乙酯的制备

$$O_2N-C_6H_4-COOCH_2CH_2N(C_2H_5)_2 \xrightarrow{Fe/HCl} H_2N-C_6H_4-COOCH_2CH_2N(C_2H_5)_2 \cdot HCl$$

$$\xrightarrow{20\%NaOH} H_2N-C_6H_4-COOCH_2CH_2N(C_2H_5)_2$$

将上步得到的滤液转移至装有搅拌器、温度计的 500 mL 三口烧瓶中，搅拌下用 20%氢氧化钠调 pH 至 4.0～4.2。充分搅拌下，于 25 ℃分次加入经活化的铁粉[注释5]，反应温度自动上升，注意控制温度不超过 70 ℃（必要时可冷却），待铁粉加毕[注释6]，于 40～45 ℃保温反应 2 h。抽滤，滤渣以少量水洗涤两次，滤液以稀盐酸酸化至 pH 为 5。滴加饱和硫化钠溶液调 pH 至 7.8～8.0，沉淀反应液中的铁盐[注释7]，抽滤，滤渣以少量水洗涤两次，滤液用稀盐酸酸化至 pH 为 6。加少量活性炭，于 50～60 ℃保温反应 10 min，抽滤，滤渣用少量水洗涤一次，将滤液冷却至 10 ℃以下，用 20%氢氧化钠碱化至普鲁卡因全部析出（pH 9.5～10.5），过滤，得普鲁卡因，备用。

(3) 盐酸普鲁卡因的制备

$$H_2N-C_6H_4-COOCH_2CH_2N(C_2H_5)_2 \xrightarrow{\text{浓盐酸}} H_2N-C_6H_4-COOCH_2CH_2N(C_2H_5)_2 \cdot HCl$$

① 成盐　将普鲁卡因置于烧杯中[注释8]，慢慢滴加浓盐酸至 pH 为 5.5[注释9]，加热至 60 ℃，加精制食盐至饱和，升温至 60 ℃，加入适量保险粉，再加热至 65～70 ℃，趁热过滤，滤液冷却结晶，待冷至 10 ℃以下，过滤，即得盐酸普鲁卡因粗品。

② 精制　将粗品置于烧杯中，滴加蒸馏水至维持在 70 ℃时恰好溶解。加入适量的保险粉[注释10]，于 70 ℃保温反应 10 min，趁热过滤，滤液自然冷却，当有结晶析出时，外用冰水浴冷却，使结晶析出完全。过滤，滤饼用少量冷乙醇洗涤两次，干燥，得盐酸普鲁卡因，熔点 153～157 ℃，以对硝基苯甲酸计算总收率。

(4) 结构表征

① 红外吸收光谱测定、标准物 TLC 对照；

② ^{1}H-NMR、^{13}C-NMR 表征；

③ 高分辨质谱分析。

2. 胶囊剂的制备

(1) 胶囊剂成品的制备　按表 3-21 配方，共制成胶囊剂 2000 粒。

表 3-21　胶囊剂配方

成分	质量/g
硫酸阿托品(代盐酸普鲁卡因)	1.0
1%(质量分数)胭脂红	1.0
乳糖	加至 1000

注：利用硫酸阿托品代替盐酸普鲁卡因制备胶囊，使学生掌握胶囊剂制备的同时熟悉倍散的制备方式。

先研磨乳糖使乳钵内壁饱和后倾出，将硫酸阿托品、胭脂红和乳糖置乳钵中研合均匀，再按等量递加法的混合原则逐步加入所需量的乳糖，充分研磨至均匀，待全部色泽均匀即可填充空胶囊。

(2) 胶囊剂的质量检查　详见实训 11 中胶囊的质量检查部分。

装量差异检查应符合实训 11 表 3-16 规定。

五、实训结果与分析

记录实验数据并计算结果。

六、注释

1. 羧酸和醇之间进行的酯化反应是一个可逆反应。反应达到平衡时，生成酯的量比较少（约 65.2%），为使平衡向右移动，需向反应体系中不断加入反应原料或不断除去生成物。本反应利用二甲苯和水形成共沸混合物的原理，将生成的水不断除去，从而打破平衡，使酯化反应趋于完全。由于水的存在对反应产生不利的影响，故实验中使用的药品和仪器应事先干燥。

2. 考虑到教学实验的需要和可能，将分水反应时间定为 6 h，若延长反应时间，收率尚可提高。

3. 也可不经放冷，直接蒸去二甲苯，但蒸馏至后期，固体增多，毛细管堵塞操作不方便。回收的二甲苯可以重复用。

4. 对硝基苯甲酸应除尽，否则影响产品质量，回收的对硝基苯甲酸经处理后可以重复使用。

5. 铁粉活化的目的是除去其表面的铁锈，方法是：取铁粉 47 g，加水 100 mL、浓盐酸 0.7 mL、加热至微沸，用水倾泻法洗至近中性，置水中保存待用。

6. 该反应为放热反应，铁粉应分次加入，以免反应过于激烈，加入铁粉后温度自然上升。铁粉加毕，待其温度降至 45 ℃进行保温反应。在反应过程中铁粉参加反应后，生成绿色沉淀 $Fe(OH)_2$，接着变成棕色 $Fe(OH)_3$，然后转变成棕黑色的 Fe_3O_4。因此，在反应过程中应经历绿色、棕色、棕黑色的颜色变化。若不转变为棕黑色，可能反应尚未完全。可补加适量铁粉，继续反应一段时间。

7. 除铁时，因溶液中有过量的硫化钠存在，加酸后可使其形成胶体硫，加活性炭后过滤，便可使其除去。

8. 盐酸普鲁卡因水溶性很大，所用仪器必须干燥，用水量需严格控制，否则影响收率。

9. 严格掌握 pH 为 5.5，以免芳氨基成盐。

10. 保险粉为强还原剂，可防止芳氨基氧化，同时可除去有色杂质，以保证产品色泽洁白，若用量过多，则成品含硫量不合格。

七、思考题

1. 在盐酸普鲁卡因的制备中，为何用对硝基苯甲酸为原料先酯化，然后再进行还原，能否先还原后酯化，即用对硝基苯甲酸为原料进行酯化？为什么？

2. 酯化反应结束后，放冷除去的固体是什么？为什么要除去？

3. 还原反应结束，为什么要加入硫化钠？

4. 在盐酸普鲁卡因成盐和精制时，为什么要加入保险粉？解释其原理。

5. 胶囊剂与片剂相比，有何特点？

6. 胶囊剂有哪几类？有何不同？分别适用于哪些药物？

参考文献

[1] 孙超．一种环保车窗清洁剂：CN201510932305.0 [P]．2015-12-11.

[2] 姜聚慧，王全坤，王玉玺．餐具洗涤剂的制备及性能测定 [J]．河南师范大学学报（自然科学版），2003，31（2）：79-81.

[3] 何卫东．高分子化学实验 [M]．合肥：中国科学技术大学出版社，2003.

[4] 蔡干，曾汉雄，钟振声．有机精细化学品合成 [M]．北京：化学工业出版社，1997.

[5] 王彦斌．淀粉基乳胶内墙涂料的可行性研究 [J]．西北民族大学学报（自然科学版），2004，25（2）：21-23，30.

[6] 任伟豪，刘亚伟，徐仰丽．双氧水氧化糯玉米淀粉的工艺条件研究 [J]．河南工业大学学报（自然科学版），2008，29（6）：31-33.

[7] 熊红兵，梁秀丽，傅向东．聚乙二醇椰油酸酯在洗发香波中的应用 [J]．中国洗涤用品工业，2016（12）：63-69.

[8] 王岁楼，李和平，王晓君．利用氧化钙为钙剂制备食品添加剂丙酸钙的反应条件研究 [J]．郑州粮食学院学报，1998，19（1）：24-27.

[9] 张家胜．一种生物基润滑油以及制备方法：CN201611207621.2 [P]．2016-12-23.

[10] 刘新强，徐福印．水基润滑油及其制备方法：CN200910139793.4 [P]．2009-12-02.

[11] 杨玲莎，刘中其，赵莉，等．一种用于燃气管道阀门的润滑脂：CN201420478400.9 [P]．2015-01-07.

[12] 曹晓群．维生素 K_3 的合成 [J]．中国饲料，2006（16）：27-28.

[13] 周国权，杨泽慧，王家荣．维生素 K_3 合成研究 [J]．江西化工，2006（2）：12-14.

[14] 李禄辉，刘伟芬，宗兰兰，等．盐酸莫西沙星片处方筛选及制备工艺的优化 [J]．国际药学研究杂志，2017，44（9）：894-900.

[15] 胡艾希，伍小云，姚志刚．1,4-二氢-2,6-二甲基-4-（3-硝基苯基）-3,5-吡啶二羧酸二（2-甲氧基乙基）酯的合成 [J]．合成化学，2002（4）：345-347.

[16] 戴仪．软胶囊剂的概况和工艺 [J]．上海医药，1995（9）：34-35.

[17] 柳娜，张旭东，陈舜东，等．金蕾胶囊的制备及其质量评价研究［J］．中国药房，2019，30（21）：2908-2912.

[18] 唐洪杰，张静，董金华，等．水杨酰苯胺类化合物的合成及其抗炎、抗变态反应活性［J］．中国药物化学杂志，2000（4）：250-253.

[19] 刘春平．片剂工艺创新及其产业化应用的思考［J］．中国医药导报，2012，9（33）：162-165.

[20] 熊海维，钱捷．盐酸氯普鲁卡因的化学合成研究综述［J］．浙江化工，2008，39（6）：12-16.

[21] 王卫芳，王丽娅，胡璞．盐酸氯普鲁卡因的合成［J］．中国现代应用药学，2015，32（3）：304-306.

[22] 戴仪．软胶囊剂的概况和工艺［J］．上海医药，1995（9）：34-35.

[23] 陈士雷，张杰，黄桂华．阿司匹林/埃索美拉唑镁复方肠溶微丸胶囊剂的制备及释药性评价［J］．中国药学杂志，2016，51（12）：1014-1020.